玩味

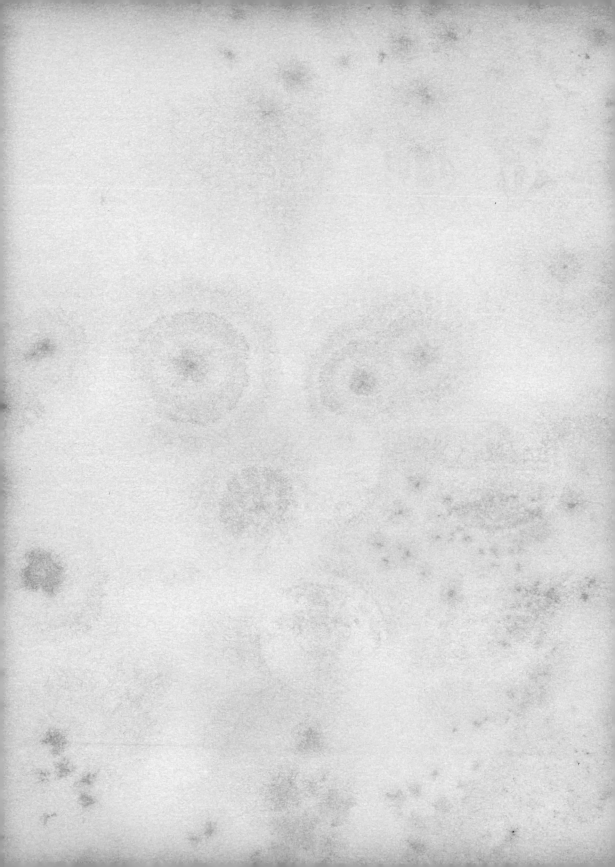

嚐過都說讚！

60道我們最想念也最想學會的傳統家常菜

呂素琳◎著

人間好食光，盡在一書中

【作家】舒國治

　　這是一本很難得的奇書。現今的社會已不容易寫出這樣的書了。

　　乃它出自一位九十歲老太太的手。又恰好這位老太太的生長經驗與個人投入生活的實踐精神令這本書充滿了老年代中國真實勤懇家庭的家常平簡卻滋味豐美之飲食實況。

　　呂素琳女士這本書雖以食譜形式下筆，然每一道菜裡面的烹調竅門與作者提及的過往記憶，使那麼多的菜餚頓時勾勒了時代與風土不能抹滅的濃郁鄉愁。譬似她說，在北方，炸醬麵是夏天吃，涼吃。在冬天呢，多半吃打滷麵。她又說，做醉雞一般都用閹雞。

　　寧波人的菜飯，她說最好用在來米。並且，加水要比煮白飯略少。在烘烤中，「用筷子在飯上插幾個洞」（哇，已好多好多年不見人如此做矣，何其懷念的畫面啊！）

　　至於燒牛、羊肉，別忘了加幾個紅棗，可令肉軟爛。而砂鍋新的剛用，要先用濃的米漿水以中火熬煮，可封住小砂眼，養鍋也防漏。而剛煮完菜餚的砂鍋離火後，不可放在冰冷的平面上（水槽裡當然不可），免得炸裂。這雖是物理常識，但久待廚房的呂素琳仍不免細心的提醒，足見她的專業。

　　言及湖北的珍珠丸子，她還將糯米因用法之稍異，細數為三種：一、簑衣丸子。二、糯米丸子。三、珍珠丸子。看出她格

物致知的工夫，一絲不苟。

　　這本書最美妙的，是很多教人嚮往的「鄉下風情」。醃莧菜的粗莖，吃的時候還必須用嘴壓擠莖內的嫩肉，而莖的帶筋粗皮則是要吐掉的。而福建肉鬆如此麻煩的食物，她也詳述其製法。即使呂女士生在官紳之家，卻對鄉下農家工人操使勞力才得製出之物照樣看在眼裡、記在心上，甚至親手操作完成，這是老年間的中國城鄉融和、人人動手原本一逕存在的美俗。她說到筍，謂毛筍可食，而毛筍殼亦有大用：一、撕成一條一條的，搓起來做草鞋。二、包粽子。三、作賣魚、賣肉的包裝用途。四、做成頭上戴的斗笠。

　　吃鄉氣很重的菜，絕對會愈來愈流行。書中有一菜，「豬油渣炒豆腐渣」，兩樣製別種東西的剩餘物質，取之再利用，卻幾乎是絕配的美味，太神來之筆也。而「漲蛋」的做法，碗扣在炒鍋上，又煎又蒸，簡直鄉土極了，卻又科學極了；老年代烹煮用具，雖粗簡卻多面活用，實在太足夠亦太富巧思也。最鄉氣的菜，是「一鍋熟」，鍋裡面放大白菜、粉絲、五花肉塊，把生的小饅頭貼上鍋壁，蓋鍋來煮，十多分鐘後，鍋底的菜熟了，饅頭也蒸好了。就這麼一個鍋，蒸的煮的同時完成，主食與配菜一起烹熟，這才是最質樸又最教人心服口服的吃飯方法也。

除了美食，我們更獲得智慧

【中華民國幸福家庭協會理事長】彭懷真

　　食譜很多，但是由一位大學校長的夫人所寫，絕對罕見。這位校長夫人已經高齡九十，更是不可思議！

　　梅校長所創造不可思議的傳奇太多了，包括七十歲時創立中華民國幸福家庭促進協會，九十幾歲時還有超過十個頭銜。梅校長著作很多，去年又出版《95歲長壽大師的不老秘訣》。如同年輕的作家，梅校長上電視、去廣播電台接受訪問，四處打書。這本書暢銷的原因很多，其中之一是附上十二道梅師母做的菜，很多人一拿到就看「梅家私房養生活力菜」。我比他們幸運，因為我不是看書上的，而是在梅校長與師母家享用的。除了美食，更獲得智慧。

　　梅校長是台灣知名演講家，梅師母也並不遜色，師母的個性比校長更鮮明。老夫老妻還持續PK，當年梅校長出書《從憂患中走來》，梅師母就寫《歲月留痕》。去年看到梅校長的新書大賣，師母果然不甘示弱，拿出五倍的功力，因此有了《嚐過都說讚！60道我們最想念也最想學會的傳統家常菜》，裡面有六十道菜。其中「茶葉蛋」一項，已經讓數以千計的老饕讚不絕口，還專門印製「梅家茶葉蛋」的盒子與提袋，方便送人。

　　梅師母出身名門，畢業於名校，工作時表現一流，又是五位日後都有出色成就子女的母親，還照顧無數教職員、眷屬、部屬、學生。閒暇時勤練書法與繪畫，作品可以展覽，更令人佩

服的是做菜與寫作的能力。如今又一本新書出版，敬祝師母的
作品暢銷，使更多人能因此享受人間的美好食物與美好時光。

馳名眾親友之間的「梅家茶葉蛋」，自製的蛋盒剛
剛好盛裝六顆，提袋下緣則寫著：「家庭研製‧請親
友品嘗指教」旳字樣。

自序

家常的味道，
吸引我們終身嚮往和懷念

呂素琳

　　我出生在一個時代交替的家庭：既有濃厚的中國傳統背景，也接受了新時代的激烈衝擊。因此，無論在思想和行動方面都是新舊雜陳。

　　我的祖父——呂本元公，是慈禧太后的麾下大將，官居「一品將軍」，早年駐守天津直隸地方，立下不少戰功，到了晚期，祖父銜命出任浙江省最高軍事長官，駐防寧波，號稱「提督」，俗稱「軍門大人」。祖父長年軍旅生涯，又任官職，生活起居相當地有規範，對於「飲食」自然極其注意。他所講究的，倒不是天天吃些大魚大肉，軍門府家常用料尚稱簡樸，吃飯卻要當作一件重要的事來辦；因為當時呂府三代的大家庭，每天內外共有十數人一起用餐，家中廚房煮菜的大灶就有三、五個，為了供應全家上下的飲食起居，也得動員廚師、佣人處理團膳的勞務。

　　父親寬五公，自幼飽讀詩書，終身布衣，為人正直謙和，稟承簡樸的庭訓，成為一位懂得生活，且相當有創意的美食家。雖然民國之後戰事連年，家中經濟情況也越來越吃緊，父親對於飲食的安排，依舊有相當的堅持：過年過節，準備什麼、吃些什麼，老規矩不能廢；一日三頓就是吃碗麵，也得正正式式，把印上「呂氏崇德堂」家傳字樣的碗筷端出來。這不是官宦人家的派頭，而是一種對飲食與人生的尊重吧！我們這一輩的子女，自小在祖輩的影響下，對於飲膳廚務的觀念也就這樣自然地養成。

祖父早年駐紮天津，父母親均於北國生長，家中因而偏重北方的麵食傳統。出生在寧波的我，除了出自娘胎包子、饅頭的飲食習慣，生長過程中，在家鄉鹹河頭邊度過了十多年飽啖魚蝦螃蟹、享用米食的歲月，因此我從小成長於南北兩種不同的飲食世界。

　　我出生的年代，祖父已逝，民國初始，新的社會制度雖已建立，我家依然維持著大家庭的傳統，廚師、佣人也繼續為龐大的用餐人口服務，家中有一位廚師專職製作麵食：包子、饅頭、烙餅、窩窩頭等，另一位則負責炒菜、燉肉、煮湯等。會做較高檔酒席的廚師，在過年過節時，還會展露幾道拿手的廚藝，以饗家人。這樣獨特的飲食環境，拓展了我的味蕾，從河南潘師傅的絕活、安徽老陳媽的家鄉口味、胡來貴的閩菜滋味、吳氏奶奶的川揚菜餚，我不知不覺地吃下了中國各地的美食。

　　戰亂的影響，為我的飲食世界帶來了接續的變化：家族因為抗戰日興、生計日衰而漸次遷往上海、安徽鄉下，最後定居於南京，加上讀書時又隨著學校遷移至蘇州，這些內地的城市，有著不同於寧波的食材與口味，我的飲食地圖也愈形複雜。直到婚後，跟隨夫婿拜訪湖南的夫家，我又見識到魚米之鄉中湖南人的家常菜，它們純樸的味道、澎湃的份量使人印象深刻，婆婆手作的湖南臘肉、香腸，也讓我又學了新的一課！

民國三十八年隨著政府來台後，我們在物資艱難的生活中，養成了凡事動手的習慣，從逢年過節必備的家鄉風味燻雞、臘肉、香腸，到自製豆豉、甜麵醬、豆腐乳、泡菜等等，我將腦海裡的各種美食經驗，化為家人共同的努力目標，我們全家常常一起動手做這些家鄉食物，將它們當作是家庭的活動，也為孩子們製造了不少歡樂，這些端上桌的自製食品並非名貴食材，卻似乎讓我與遙遠的家人有了聯繫；家常飲食，安慰著我數十年思鄉的心情。

　　我不曾覺得自己的飲食經驗有何優越之處，雖然嚐遍來自大江南北的口味，我仍舊認為它們最大的功能是果腹充飢。北方人認為好吃不過餃子，南方人卻覺得粽子才抵飽；蘇州的菜餡偏甜，顯派了富饒人家「吃得起」的手筆，湖南人則在碗夠大、肉夠厚上來比劃澎湃的氣魄，美食的定義沒有誰能決定對錯高下，唯一共通的準則是用心製作的必定好吃，餓肚子享用時最是美味。我的父親用愛心做出好吃的滷味，那種家常的味道，吸引我們終身嚮往和懷念，這就是我心目中的美食！

　　大時代的動亂中，我的飲食經驗也可能是許多人的故事。家常菜的滋味何其美味！家的氣氛何其溫暖！在今日工商社會中它卻早已絕跡，藉著家庭的飲食，我們傳遞給兒女來自祖先的關愛、自身的成長和人生曾走過的點點滴滴。平凡的飲食，展露了生命中奇妙與美好的一刻，也鋪陳出那些未來時空中會再度激勵人生的好味道。

目錄

參 年節美食與古法傳承

過年是中國人最重點也最傳統的節慶，年夜飯時，
一盤盤、一盅盅的傳統好菜上桌，空氣中香味四溢。
同樣是傳統的美味，可惜有些做法快失傳了，
除了專門的師傅，一般人已經不太知道怎麼做了，
我特別將它一一記錄下來，以作後人參考。

壹 聯合國餐桌

在當時，
並不覺得這些食物有什麼特別，
但現在回想起來，
餐餐都是美味，
令人垂涎欲滴。

我的父親祖籍是安徽滁縣，出生在天津市，出生第三天，祖母便去世了。當時祖父帶兵在外，無法照料小嬰兒，曾將父親寄養在滁縣的舅舅家裡約兩年的時間。祖父再婚以後，才把小嬰孩從舅爺那兒接回家，此時父親已開始學講話，所學的母語是天津話，一切生活習慣也完全北方化。

祖父呂本元是淮軍大將，少年時即立下戰功，曾獲慈禧太后賜封為「巴圖魯勇士」，其後歷任天津總兵、安徽省和浙江省的提督軍門，官至一品將軍。即因為職務調任為浙江省提督軍門，於是祖父攜家帶眷南遷，來到了浙江省寧波縣。

父親當時已十四歲，官家子弟出身的他，甚少與當地人接觸。他十五歲時便和我的母親結婚了。母親出生在山東省德州府，由於父母早逝，從小寄居在北京的兄嫂家長大，所以她的山東話有別於當地的山東人。而我們九個弟兄姊妹都出生在浙江省寧波縣，開口講的都是道地的寧波土話，二位嫂子也各自操著她們的家鄉口音。每當一家人團聚在一起吃飯或閒談，甚至商議家庭事務時，總是各說各的鄉音與母語，猶如現在的聯合國大會。

聯合國大會還需要有人現場口譯，而我們家每個人都能懂其他人的方言，不需要翻譯或解釋。若是以局外人的眼光看來，或許會以為我們不是一家人，而是來自不同省份的親戚、朋友。事實確實如此，大家都說：「這是個奇特的家庭組合。」

因為大家的出生地不同，生活習慣也就有了若干差異，但在強勢的父親領導之下，一切習慣以北方為主。以飲食來講，三餐之中，早、晚兩餐固定是麵食；中午吃米飯、炒菜，有時也會改吃麵食，一切都由父親決定。早餐多數是白米稀飯、小菜、饅頭，有時也會將饅頭換成買來的燒餅油條。中午吃米飯時間較多，如換吃麵食，就是水餃、麵條或蒸包子了。晚餐有炒菜、烙餅、蔥油餅，夏天時煮一大鍋綠豆稀飯，冬天則是玉米粥，有時也吃玉米粉做的窩窩頭。在當時，並不覺得這些食物有什麼特別，但現在回想起來，餐餐都是美味，令人垂涎欲滴。

祖父的軍門菜

　　祖父出生在清道光二十五年，那個年代的農民生活艱苦，所以從小就養成了節儉的習慣，後來他雖然升任浙江提督軍門，但是除了宴客應酬外，自己的日常飲食仍然十分簡單。祖父喜愛家鄉人醃製的各種小菜，例如：醃黃豆、韭菜、醃蘿蔔、蘿蔔葉子以及醃大頭菜（裡面夾些生薑絲），尤其他老人家最愛的是醃黃花的油菜，每年油菜盛產時，家鄉人都會用大酒罈醃一罈來。這些醃菜都是祖父可口的下飯菜，不需要用油炒過，而是生吃。

　　以現代食品營養學的眼光來看，這些菜是非常好的的食物，因為含有維生素、葉綠素和植物蛋白。祖父年近七十歲時還能騎馬、射箭，擁有如此健壯的身體，除了與年輕時的鍛鍊有關，我想那些食物也很有助益。

　　當祖父年老時，牙齒脫落，無法再吃這些富纖維的食物，家人就為他準備兩種既清爽又可口的菜餚，一樣是「漲蛋」，而另一樣是「蜂巢豆腐」。這兩道料理材料簡單，做起來也不麻煩，而且入口即化。

　　有時候，客人來家裡用餐，廚子把這兩道菜送上桌時，總會笑著說：「請您多用一點，這是『軍門菜』。」

　　客人也笑著回答：「今天有幸了。」

　　祖父的「軍門菜」並非官府之家的金樽玉饌，樸實的口味呈現了爺爺待人處事的風格：簡單卻耐人尋味。「漲蛋」與「蜂巢豆腐」兩碟小菜自幼伴隨著我長大，也成為我家的傳家精神。

漲蛋

漲蛋是我從小最喜歡吃的一道菜,光看它表面微帶金黃、內裡鮮嫩的顏色,就夠誘人了!聞聞剛起鍋的漲蛋,散發出濃郁的蛋香,品嘗它比豆腐還綿密滑潤的口感,挑食的我也會配上一大碗飯!

材料

雞蛋	八個
鹽	一茶匙半
醬油	兩茶匙
高湯或清水	半碗(與蛋汁等量)
油	八湯匙

做法

1 雞蛋八個打入大碗內,打至起泡,加入鹽、醬油、與蛋汁等量的高湯或清水攪勻。

2 淨鍋用大火燒熱,加入七湯匙油,待油熱後,倒入蛋汁,用鍋鏟不停地翻炒,直至大部分蛋已結塊時,將蛋塊堆積在鍋中央,以大碗公扣住,利用剩餘的水氣,將蛋蒸得發脹。

3 待聞到香氣溢出時,即將火力改小,轉動鍋子,同時沿鍋邊淋下一湯匙油,以免蛋液黏鍋。二、三分鐘後,即可揭開扣碗,切塊裝盤,趁熱取食。

4 裝盤時,應將蛋塊反扣,使底面朝上,以呈現色澤深黃、形同蛋糕的層次,十分美觀。

將蛋塊堆積在鍋子的中央,以大碗公扣住,使蛋脹起。

梅媽媽的美味叮嚀

1. 蛋液中所加的水量不可太多,否則蛋體將不易凝結,可利用蛋殼來裝水,份量比較準確。

2. 使用大碗扣住蛋液時,不要取用開口太大的碗公,以免蛋塊不易集結,就無法做出蛋糕般的層次。

蜂巢豆腐

老豆腐或稱板豆腐，昔日常以井水生產，比起現今市售的盒裝豆腐滋味大不相同，祖父的時代本就沒有工業生產的豆腐，蜂巢豆腐的做法，更加展現了老豆腐源遠流長的韻味，把豆腐當作肉來燉，當然會入味且滋補。

材料

老豆腐	四塊
乾香菇	五朵
新鮮蠶豆或青豌豆	半碗
鹽	少許
清水	半鍋

做法

1 乾香菇洗淨後泡開、切塊。

2 先將老豆腐放在清水中煮十五分鐘，接著倒掉豆腐中的水，換清水再煮，連煮三次，使豆腐內的石膏鹽滷清除。

3 在豆腐中注入半鍋清水，加入香菇塊、蠶豆（或青豌豆），稍放鹽調味後，蓋上鍋子用小火燉煮，二十分鐘後即可取食。煮成後豆腐滋味清爽，口感細緻，豆腐表面形成許多小孔，故名蜂巢豆腐。

乾香菇

豆腐

青豌豆

梅奶奶的美味叮嚀　豆腐中的清水，在最後燉煮時可以換成高湯，滋味更為鮮美。

父親的拿手菜

　　我父親是個美食家，在他成長的過程中，嚐遍了大江南北的美食。他自己也擅長烹調，並且把烹飪當作是一種藝術的創作，自有一套理論，他將技術結合理論，做出來的菜餚色、香、味俱全。

　　當時家裡請了兩個廚子，一個廚子專門做菜餚，一個專門做麵食（因為父親生長在天津，習慣吃麵食）。雖然做廚子的剛開始來我們家時，都經過父親的一番調教，但做出來的菜，味道卻遠不如非專業出身的父親，所以每當逢年過節，家人們都很期盼父親能親自下廚，讓我們可以大飽口福。

　　父親的好手藝究竟得自何處？現已不可考，不過可以斷言的是，他所生活的時代與社會環境提供了豐富的元素。自幼而來的北方飲食習慣，讓他的菜色具有大碗喝酒、大塊吃肉的豪邁氣息。至於他所講究的烹飪技術細節，也許是出自當時保守而嚴謹的軍門家風，「割不正不食」。幸好，他並未奉「君子遠庖廚」為圭臬，由於他的身體力行，使我們留下了難忘的美食回憶。

父親的烹調秘訣

　　父親的烹調有幾種秘訣：

　　第一、選擇新鮮的食材。

　　第二、切肉絲時要按橫紋切絲。直切時，肉的肌理會縮緊，入口咬不動。

　　第三、切肉塊紅燒，要大小整齊，才不至於有些已軟爛，有些還生硬。

第四、配料要看主料是「塊」狀、「條」狀或是「絲」狀，相互搭配，而且配料的份量不可多過主料。

第五、燒肉或燒魚時，一開始時要加水漫過肉面、魚身，蓋鍋後用小火燜煮至七分熟，接著加碎冰糖一匙，再將火開大，使湯汁變濃，更入味。這是一般燒魚、燒肉缺的「臨門一腳」。

第六、燒牛肉、羊肉或牛筋時，除了一般用沸水燙去血水，以快火炒過，加酒、蔥、薑、鹽、醬油等調味料以外，花椒與八角也是不可缺少的香料，可以去除肉的羶味。同時，不要忘記加入幾個紅棗，一則去除腥羶，二則使牛肉、羊肉和牛筋易軟易熟，煮成後還可以嗅到棗子的誘人香味。

第七、滷菜要用砂鍋（大號的砂鍋），可以保持食物的原味，其所滷出來的菜餚，風味與現在用不鏽鋼大鍋做出的滷菜大異其趣。所以，每當我口裡嚼著滷菜時，心裡總不由得懷念起父親的烹調技術了。

家中秋天必吃的毛蟹

秋天是螃蟹的盛產期，所謂「持螯賞菊」，正是這個時候。此時，父親會買一大木盒的毛蟹回家，好好品嘗一下。

毛蟹生長在稻田裡，體型比海蟹小，肉質細嫩，多了黃色的膏，味道比海蟹鮮美。可分為三種吃法：

一、蒸熟以後，用手剝開，沾生薑、醋吃。

二、將蒸熟的毛蟹，挑出蟹膏、蟹肉備用。若是將蟹肉拌在豬肉餡中做成蟹粉包子，或做成蟹粉麵、蟹粉豆腐，也是美味可口的佳餚。

三、「蟹粉獅子頭燉大白菜」是宴席上的珍品。剩餘下來的蟹黃、蟹肉，全部放入一個小罈子內，注入熬好的豬油，上面撒些鹽使蟹肉與空氣隔絕，並把罈口紮緊，放在陰涼處，隨時取用。這是七、八十年前，一般家庭裡沒有電冰箱和冰櫃時，用來保存食物的方法。

風雞

　　每當接近歲末的時候，我總會想起家鄉獨具特色的風雞，這是父親的拿手菜，別處可品嘗不到，是一道極為精緻可口的酒席菜。

　　風雞製作的過程較為繁複，但是味道比起用一般方式烹調的雞更勝一籌，因為原味未失，可說是醃製食物中的極品，下飯、配酒兩相宜。

　　先備妥一隻三斤大的雞（母雞或閹雞均可）、鹽一碗、花椒半碗、麻油四湯匙和一截麻繩。

　　雞宰殺後不要去毛，也不可先用水洗。先在雞的翅膀下挖個洞，掏出內臟，用乾布擦淨血污。接著炒熱鹽和花椒，擦遍雞身內腔，再倒入麻油數湯匙，同時轉動雞身使麻油沾遍雞內腔。然後把雞頭塞入孔內，將餘下的花椒和鹽擦在雞身上防腐。

　　這時，用麻繩緊緊地綁住雞身，然後掛在陰涼通風處，一個月後才可以蒸食。

　　要蒸之前先拔去雞毛，再洗淨雞身內、外，接著把整隻雞放入蒸籠，蒸熟之後取出稍放涼，最後用手撕成一小條一小條即可盛盤上桌。

　　做風雞所使用的雞隻不可以太瘦小，因在製作的過程中，雞肉會逐漸風乾脫水，所以最好挑選稍有油脂且不老的母雞較為合適。

　　鹽與花椒的主要用途是調味和防腐，因而口味不可太淡，風雞才會產生特殊的香味。

　　風雞因要風乾，而在台灣氣候較潮溼，故要選擇乾燥寒冷的臘月製作，比較容易成功。

酸白菜

寧波人不吃酸白菜，這是北方人的嗜好，所以在市場上買不到。冬天來臨時，父親會差遣廚子去買一板車的大白菜，教他做「酸白菜」。

冬天的酸菜火鍋，用蟹粉、蟹肉作鍋底，放進切好的酸菜，上面鋪一層白切肉，香噴噴、熱騰騰的，令人垂涎三尺。吃的時候，再配上父親特製的滷菜，包括滷雞、滷蛋、滷牛肉、滷豬肉、滷豬肝……等，十分過癮，回想起這道七、八十年前的美食，現在還覺得齒頰留香。

酸白菜的做法是，先挑選完好的大白菜二十顆、粗鹽兩斤，醃白菜的容器最好用一個大陶缸，並準備兩塊大石頭。

大白菜去掉外葉、頭梗，縱切為兩半，放入沸水中稍汆燙後，取出放一旁待涼。當菜尚未全涼時便置入陶缸中，一層一層排列成序，再將鹽均勻撒上，並用大石頭壓緊。

一、兩天後，見白菜出水，即加清水漫過白菜，等待它慢慢發酵變酸，約十天左右即可食用。

我們習慣上是用山東大白菜，質地與口感均佳，不過，各種白菜也都可做酸白菜，記得要挑選外型新鮮、沒有腐爛的，有菜葉變色時要先摘去。

漫過白菜的清水，必須用燒開且放涼的冷開水，以防止白菜發霉、發臭。

此外，因為一般家裡醃的酸白菜不會放防腐劑，故應放入冰箱冷藏，並且盡快吃完。

栗子燒子雞

春天時，父親常做「栗子燒子雞」這道菜，栗子必須用上好的良鄉栗子，咬在嘴裡甜甜粉粉的，十分可口，是我的最愛。

材料

嫩雞	半隻
栗子肉	大半碗
乾香菇	四朵
老薑	兩片
料酒	一大匙
醬油	兩湯匙
冰糖	少許
清水	適量
油	兩湯匙

栗子

做法

1 雞肉洗淨、切塊。栗子須去殼、去皮。乾香菇洗淨，泡水發開後，切成塊狀。

2 以炒鍋入油，加熱至高溫時，下薑片、雞塊翻炒，待雞肉色漸變白，即倒入料酒繼續拌炒。

3 將栗子、香菇等陸續放入鍋中，與雞塊翻炒，並加入醬油上色。

4 爐火轉中火，加入清水約須略漫過食材，蓋上鍋蓋燜煮二十分鐘。

5 待雞肉與栗子香氣傳出，掀開鍋蓋略微翻炒，並加入冰糖提味，兩分鐘後即可起鍋。

梅奶奶的美味叮嚀

1. 若使用乾栗子須清洗後泡水，並視其乾燥程度決定泡水的時間長短。不夠軟化的栗子，煮後口感生硬；發泡太過，則會容易糊爛。

2. 雞肉因與栗子同煮，二者熟成時間須配合，雞肉宜切稍大塊，燜煮時較不致太早軟爛。

3. 栗子的選擇也有影響，新鮮或較優質產地的品種（如良鄉栗），其口感與香氣自是不同。

罈子肉

到了夏天，就是燉「罈子肉」的時候了。顧名思義，「罈子肉」是放在陶罐或瓦甕中烹煮的菜色，這類的罈子其罐底應比灶頭爐眼稍大些，以便安置得穩；同時，罐身不宜太高，火力才會均勻。父親會用布條將放滿食材的罈口紮緊，再以泥巴封住罈口，使不漏氣，然後放在炭爐上以小火燜燉七、八個小時，即可完成。

以文火慢燉，不但保留了食材本身的鮮味，在多樣食物的交融之下，也創造出豐富的香氣與口感。這道原汁及原味的豬肉料理，令人吃了還想再吃。現代化社會中，炭爐已不易覓得，若使用瓦斯爐燉煮，仍可用陶甕或瓦罐，但須將罐口嚴密封緊。

材料

豬五花肉	兩斤
竹筍	兩條
雞蛋	六枚
生薑	四片
蔥	兩根
紹興酒	一瓶
醬油	半碗
鹽	兩大匙

豬五花肉

做法

1 豬肉切成大塊。竹筍去殼，切成滾刀塊。雞蛋煮熟，待稍涼後去殼。蔥切段。

2 豬肉以滾水汆燙，去除血腥，放入耐熱的中型酒罈中，加入竹筍、雞蛋、生薑及蔥段。

3 以紹興酒代水，放入罈中，酒須漫過食材，並加入醬油、鹽調味。

4 用布條將罈口紮緊，用布包加以包緊，再用泥巴封住，使不漏氣。

5 放在炭爐上以文火燜燉七、八個小時，即可取出食用。

梅奶奶的美味叮嚀

1. 此菜以文火燜燉，故豬肉宜選擇稍帶油脂部位，比較不乾澀。

2. 豬肉切塊時，可比照雞蛋大小，長時間燉煮後，肉塊不致糜爛依然成形，且外酥內嫩，口感較佳。

3. 燉肉的罈子不可裝太滿，約七、八分即可，以供罐內蒸氣流通，食材才不會夾生或乾澀。

貳 記憶中的美味

這些料理都是出自家常的飲食習慣與純樸的鄉土文化，
但因為記憶，
讓每一道菜餚都充滿了無與倫比的美好滋味。

幅員遼闊的
美食地圖

　　年幼的時候，胃口特別好，但隨著年齡的增長，我漸漸懂得選擇性地進食。如今到了九十多歲的年紀，食慾減退，閒來無事，回憶往事的機會多了，我常常回想起從前所吃過的大江南北美食，一幕一幕的記憶也不斷出現在腦海裡，令人回味無窮。

　　中國大陸地大物博、人口眾多，因地理環境的不同，各地的飲食文化也大不相同。

　　中國菜大致可以分成幾種：一是江浙菜，二是廣東菜，三是北方菜，四是四川菜，五是湖南菜（亦稱作湘菜）。前三種是不帶辣味的，而雲南、貴州、廣西菜都有辣味，所以包含在川菜與湘菜中。

　　我家在寧波時，早年祖父任職軍門，生活上雖無奢侈浪費的習性，但因家中人口眾多，所以雇用了廚師、奶媽、佣人來幫忙，直到父親當家的時候，這樣的規矩仍在。從小到大，我們也因此品嘗了幾位廚師不同手藝、不同口味的菜色，例如潘師傅的河南菜、胡師傅的福建菜。

　　這些料理並非出自宮廷御膳，他們也不是街市飯館的名廚，帶來的是他們家常的飲食習慣與純樸的鄉土文化，但因為記憶，讓每一道菜餚都充滿無與倫比的美好滋味。

　　另外還有家鄉江浙菜、寧波老家附近「鹹河頭」鮮魚料理，伴我青春歲月的江蘇小點和無錫肉骨頭，三姨奶奶的川揚菜，以及外子的湖南菜。而那幾道小時候在炎炎夏日裡大啖的爽口素食，更是令我難以忘懷。

河南菜

　　潘師傅是父親所僱用的一位廚師，他來自河南省一個不知名的小村，因該地連年遭到旱澇之災，民不聊生，只好到有「魚米之鄉」之稱的江南來謀生。

　　初來的時候，潘師傅的手藝不佳，人倒還算聰明。我父親是位懂得烹調理論與實踐的美食專家，他十分有耐心地訓練潘師傅，一年以後，潘師傅的好手藝已經傳遍我們的諸親好友，甚至於有幾道拿手好菜，還是當地菜館裡吃不到的。

　　潘師傅是河南人，河南人以麵食為主，所以做麵食的絕活一流。而我家也以麵食為主，各種麵食經常輪流上桌，讓一家人大快朵頤。

潘師傅的拿手好菜

摻麵的高樁饅頭

　　除了普通的饅頭、包子、花捲以外，潘師傅最令人稱道的，就是做出「摻麵的高樁饅頭」，這可是一般饅頭店裡買不到的。做這種饅頭的難處，是一方面要用力揉麵糰，一方面要陸續摻生麵進去，因此，普通人做出來的成品，往往蒸不透或蒸不熟，而潘師傅做的高樁饅頭可以豎立不頹，用手一掰開，裡面一層一層，好像酥餅一樣，很有咬勁，而且吃了有飽足感。

窩窩頭

　　玉米麵做的窩窩頭，據說是慈禧太后落難時常吃的食物。

談到做窩窩頭，必須要有一點特別的技巧，因為粗糙的玉米麵調了水揉勻以後，不像小麥麵粉那樣柔軟、具韌性和黏性，做窩窩頭的時候，一不小心就會散開了。

潘師傅做窩窩頭的時候，十個手指頭全用上了：先用左手抓一把調勻的玉米麵糊，以右手的食指與中指作軸心向內轉動，然後八個手指忙著捏和轉，動作要非常仔細小心，否則很容易破碎。麵糊慢慢成形，中間形成一個圓孔，外面則成為一座寶塔形，待小寶塔一個一個做好以後，再放入蒸籠蒸熟。由於做窩窩頭須十指齊發，分工合作，因此它又有個「裡二外八」的別名。

窩窩頭蒸熟以後，有一種香甜的感覺，是非常有營養的食物。現在，這道美食不但在台灣沒有人吃，連中國大陸北方的鄉下人也不吃了，「窩窩頭」三個字已成為歷史課本上的名詞。

幾年前，我和先生曾訪問中國大陸的山東省臨淄縣，縣長以海鮮宴席招待我們夫婦。席間，我以開玩笑的口吻說：「實際上，我是半個山東人，因為我母親是山東德州人，我身上有山東人的血液，你們應該用窩窩頭來招待我。」大家聽了大笑不已，縣長並立即請廚子做了一盤窩窩頭端上桌。

那些窩窩頭，不似當年潘師傅用粗玉米麵做的、像拳頭般大小，而是用加了工的細玉米粉、摻一半栗子粉，做成拇指大小，像小玩具一般的窩窩頭，外表看來很可愛，然而一入口，卻讓我更懷念起小時候那熟悉的鄉土味道。

棒子粥

用玉米麵煮粥，土話叫作「棒子粥」，加些番薯在裡面，更加香甜可口。冬天的晚餐，潘師傅會熬一大鍋棒子粥讓我們配著烙餅吃。有時他也會用玉米麵做烙餅，又香又脆，非常好吃。

南瓜籮子

在夏秋之間，南瓜盛產的時候，潘師傅會做「南瓜籮子」

當作餐食。先把南瓜去皮和瓜籽，用刨子刨成絲，與絞肉、大蒜瓣同炒，加調味料燜軟；待涼後當作餡，包入發麵皮裡。皮擀得大大的，餡塞得多多的，像一個特大號的包子，放入蒸籠蒸熟，味道香而誘人。不過像這樣夠份量的食物，孩子們吃一個就撐得肚子飽飽的了。

韭菜籮子

　　與「南瓜籮子」同樣做法的還有「韭菜籮子」，內餡改用生的韭菜、蝦米、粉絲，味道清淡，也很營養。昔日，家鄉人常在蔬菜豐收時，將菜洗淨、醃漬、曬乾，收藏起來以待冬天食用，最常見的是青江菜乾、小芥菜乾、豇豆乾等，將它們用來燒肉、炒飯與包子、餛飩內餡都很美味。因此，用菜乾與絞肉做成南瓜籮子餡也非常可口。

懶龍

　　這是北方人家中常吃的食物，先把蔬菜、肉片或蝦仁、雞肉絲等炒成澆頭。其次把麵條（白麵條或蕎麥麵條）在沸水中燙一下，撈出來瀝乾，拌上些食油或麻油，以免沾黏在一起。然後在蒸籠上鋪好籠布，先把澆頭放一層在上面，然後一層麵條、一層澆頭的擺放好，蓋上籠蓋，用大火蒸十幾分鐘後便可享用。

蒸棗糕

　　把發麵擀成圓形的，厚約半吋多（圓形約有盛菜盤子大小），上面排列用水浸發過的紅棗，紅棗上面再蓋一層發麵，比下一層的略小；有時還會有第三層，當然比第二層更小一點，每層都排有紅棗。做好以後，放入蒸籠約十五分鐘或二十分鐘，因為擺了三層，所以蒸的時間要久一點。蒸熟以後，取出來放涼，像切蛋糕一般切成塊吃。發麵軟軟鬆鬆的，棗子香香甜甜的，十分可口。其實棗糕並不好做，往往蒸不熟，潘師傅卻每次都做得很成功，這也是他的獨家手藝！

炸醬麵

小時候，家中常吃炸醬麵，吃的時間多在夏天的中午，因為中午天氣熱，吃涼麵的話不至於滿頭大汗。

不要以為吃一道炸醬麵很簡單、省事，過去我家所吃的炸醬麵，與現在餐館所端出來的大不相同。

先談麵條，有用人工擀的，或者是撐麵（亦稱作拉麵）。因為這兩種麵條有嚼勁，煮久了不會糊爛，很有口感。至於做炸醬的醬，一定是用自己家做的甜麵醬，純粹是用饅頭發酵製成，味道醇厚。

材料

四季豆⋯⋯⋯⋯⋯⋯⋯⋯⋯⋯四根
毛豆⋯⋯⋯⋯⋯⋯⋯⋯⋯⋯小半碗
綠豆芽⋯⋯⋯⋯⋯⋯⋯⋯⋯⋯一把
雲南大頭菜⋯⋯⋯⋯⋯⋯⋯四薄片
香菜⋯⋯⋯⋯⋯⋯⋯⋯⋯⋯⋯少許
大芹菜⋯⋯⋯⋯⋯⋯⋯⋯⋯⋯一根
蛋皮⋯⋯⋯⋯⋯⋯⋯⋯⋯⋯⋯一張
蔥花⋯⋯⋯⋯⋯⋯⋯⋯⋯⋯⋯一把
芝麻醬⋯⋯⋯⋯⋯⋯⋯⋯⋯四大匙
豬絞肉（肥瘦兼有）⋯⋯⋯大半碗

●調味料（做法4）：花椒油三大匙，烏醋四大匙，蒜泥兩小匙，辣椒油一小匙

做法

1 備妥配料：四季豆煮軟、切碎。毛豆煮軟。綠豆芽去頭、尾，洗淨，在沸水中燙一下，瀝乾後放涼備用。雲南大頭菜切成細末。香菜切成小段。芹菜用沸水燙過後切成小段。把蛋皮切成細絲。

2 將芝麻醬以鹽開水調勻。

3 豬絞肉加佐料（酒、胡椒粉、鹽）拌勻後，下油鍋均勻炒乾，加入芝麻醬後再煮一下，即可盛出。

4 在碗中備妥麵條後，加上炸醬、配料，再依各人喜好稍加調味料即可。

炸醬麵配料

梅姑姑的美味叮嚀

1. 炸好的醬有股自然香味，旁邊會有油滲出來，用來拌麵是最好的調味料。

2. 食用時，這許多樣拌麵用的蔬菜洋洋灑灑地擺滿了一桌子。每人將煮好、泡在涼水桶裡的麵條，按自己的食量撈在麵碗裡，先放炸醬，再選擇自己喜歡的蔬菜和調味料，拌勻以後，即可大快朵頤。素食者，可以芝麻醬代替炸醬。

其他的美味麵食

打滷麵

　　大陸的氣候四季分明，所以食物也跟著有所變化，炸醬麵是屬於涼麵的一種，所以多在夏天吃。到了冬天則以湯麵、打滷麵為主了。打滷麵通常以豬肉片、木耳、黃花、筍片、蛋花為材料，煮好後以太白粉勾芡均勻，澆在麵上即可，並撒少許胡椒粉和醋助長香味，食後往往一身大汗，通體舒暢。

嗆鍋麵

　　另有一種叫「嗆鍋麵」，也是北方人家常吃的。它的做法簡單，切少許肉絲和大白菜絲，把肉絲用酒和醬油浸泡。油鍋熱時，先將蔥花下鍋爆香再炒肉絲，放入大白菜絲，炒軟後加調味料、清水或高湯，等到煮沸後下麵條，並加點冷水，讓麵條軟熟，即可食用。嗆鍋麵的配料，可隨自己的喜好更換。

炒麵

　　至於炒麵，北方人吃的炒麵與廣東炒麵又有不同之處。北方炒麵是把麵條煮熟，以涼開水過一下瀝乾，用一匙油拌勻以免沾黏。然後炒澆頭，把麵條放在澆頭上，蓋上鍋蓋，讓澆頭的熱氣將麵條蒸熱一下，即可開鍋，炒勻盛出。廣東炒麵則是用油炸麵條，比較油膩。

炸茄夾

夏天裡，家裡常做兩種菜，是我喜歡的美食，一樣是後頭提到的「糖醋酥魚」，另一樣便是「炸茄夾」，製法很簡單。

材料

茄子	四條
豬絞肉	一碗
醬油	兩匙
酒	一匙
胡椒粉	一小匙
蔥花	一把
雞蛋	一個
麵粉	半碗
油	一碗

做法

1 把茄子洗淨、去蒂之後，斜切成片，但是要注意：每兩片茄子中間不要切斷。

2 豬絞肉拌上醬油、酒、胡椒粉和蔥花作餡，塞入每兩片茄子之間。

3 以雞蛋、麵粉調合成糊狀，把處理好的茄子夾肉在麵糊中沾一下，放入熱油鍋中炸熟，趁熱食用十分美味。

一鍋熟

在冬天裡，潘師傅偶爾會做一、兩次天津口味的「一鍋熟」。他在鍋中調理好大白菜、粉絲、五花肉塊，將做好的小饅頭貼在菜鍋邊上，蓋上鍋蓋，用大火煮約十幾分鐘，等到饅頭的香味出來便可熄火，稍待一會兒，即可開鍋取食。

每人裝一碗菜，拿一個貼在邊上的饅頭，便是可以飽餐一頓的美食了。饅頭上面是軟軟的，底下烙得硬硬脆脆的，十分有咬勁。當時我還年輕，一連可以吃下好幾個小饅頭和好幾碗菜。

「一鍋熟」裡的菜有時也會更換，如「熬魚燒豆腐」，但不常吃，細心的潘師傅擔心魚刺會傷到孩子的喉嚨。

材料

發麵麵糰	兩斤
五花肉	一斤
大白菜	兩顆
粉絲	一把
紅蘿蔔	一條
大蔥	一段
高湯	一碗

做法

1 五花肉切塊、白菜去頭、梗，洗淨後縱剖成數條長段。粉絲泡水發好，紅蘿蔔切片，大蔥斜切成片。

2 以高湯入鍋，放入清水、五花肉塊、大白菜、粉絲、紅蘿蔔，水要漫過食材。

3 將發麵麵糰搓揉成小饅頭狀，稍置於濕毛巾下醒麵半小時，再將小饅頭麵糰分別貼在鍋邊四周，蓋上鍋蓋，以大火燉煮二十分鐘。

4 起鍋前放入大蔥以增香氣，便可以邊吃小饅頭，邊配上美味湯菜。

五花肉

將小饅頭麵糰分別貼在鍋邊四周。

片兒湯

家中吃風雞留下的雞架，或吃烤鴨時剩下的鴨架，潘師傅都會拿來燉湯，作二次利用。燉出來的湯，除了煨白菜、粉絲、豆腐做成大鍋菜以外，還可當作「片兒湯」的湯頭。

材料

中筋麵粉	一碗
菠菜或青江菜	兩顆
鹽	少許
高湯或清水	兩碗

做法

1 一碗麵粉以一碗冷水調和，先揉成麵糰，再擀成一大張薄片。

2 將麵片切成兩吋寬的條子，再把每條薄片截短至約手指長度，即成為「片兒」。

3 高湯（或清水）煮沸，把「片兒」放下去煮，過程中加幾次冷水，稍作攪拌，最後放入切段的菠菜或青江菜，略加鹽調味，待湯滾即可盛出。

揉麵糰。

將麵糰擀成薄片。

將麵片切成寬條。

再把每條薄片截短約手指長度，即成為「片兒」。

梅初初的美味叮嚀

這種做法與煮麵條的味道很不相同，吃在嘴裡滑溜溜的，稍微嚼幾下便可下嚥，因此每當孩子們生病、感冒時，家人都會麻煩潘師傅做碗放胡椒粉的「片兒湯」，幫孩子補補元氣。

麵魚兒

麵魚兒柔軟易消化，四季都可食用，所以也是老少咸宜的美食。現代人忙於工作，三餐以「速」、「簡」為原則，像這種手續麻煩、材料繁多、必須現煮現吃的食物，早已不為一般人所喜愛，我把它記錄下來作為紀念。

材料

中筋麵粉⋯⋯⋯⋯⋯⋯⋯⋯一碗
雞蛋⋯⋯⋯⋯⋯⋯⋯⋯⋯⋯一粒
大白菜⋯⋯⋯⋯⋯⋯⋯⋯小半顆
豬肉絲⋯⋯⋯⋯⋯⋯⋯⋯⋯半碗
（或者視個人喜好可搭配其他材料）
食油⋯⋯⋯⋯⋯⋯⋯⋯⋯兩湯匙
鹽⋯⋯⋯⋯⋯⋯⋯⋯⋯⋯一小匙
白胡椒⋯⋯⋯⋯⋯⋯⋯⋯⋯少許
蔥花⋯⋯⋯⋯⋯⋯⋯⋯⋯⋯少許
高湯⋯⋯⋯⋯⋯⋯⋯⋯⋯⋯一碗
清水⋯⋯⋯⋯⋯⋯⋯⋯⋯⋯一碗

豬肉絲

做法

1 碗公中加麵粉一碗以冷水一碗半調和，再加入雞蛋，仔細地攪拌均勻成薄糊狀，麵糊調好後必須要醒一醒，才有彈性。

2 用大白菜、豬肉絲，在油鍋中爆香，加鹽調味，倒入高湯與菜料拌炒均勻。

3 以大火煮開後，用左手端碗，碗稍微傾斜，把調好的麵糊，用小刀或筷子分數次慢慢撥入鍋內。這時要把火改小，在鍋邊放一小碗清水，將撥過麵糊的小刀或筷子不時在清水碗裡浸一下，繼續再撥，並用鍋鏟推動鍋內的麵魚兒，免得粘在一起。

4 調和的麵糊用完後，整鍋麵魚兒繼續煮上五、六分鐘熟透才熄火。這時趁熱食用，隨意撒上少許白胡椒、蔥花，吃來別有一番滋味。

梅胡胡的美味叮嚀

「麵魚兒」還可以炒來吃：
1. 先準備清水一鍋，將撥好的麵魚兒煮熟撈起，在清水中過一下，以免沾黏。
2. 然後加入各種食材作澆頭炒熱，再放入麵魚兒同炒，蓋鍋稍燜，使澆頭的調味進入麵魚兒中，即可取用。

江浙菜

　　在台灣提到江浙菜，大家都會以上海菜為標準，也把「濃、油、赤、醬」當作烹飪的原則，事實上，江浙菜與上海菜有相當不同的地方。江蘇、浙江兩省物產富饒，海鮮的種類繁多，在當季時，常用蒸、氽、燙、燴等清淡的手法烹調出美味，盛產時期，人們會將過剩的海味用鹽或醬醃漬起來，待海產的季節過去，就改以鹽漬的魚、貝、蝦、鰻乾等作為肉類菜餚烹飪的助力，或成為下酒的小菜，這種「靠海吃海」的傳統，形成了江浙菜口味上的特色。

　　江浙兩地的淡水出產也極具風味，從小河蝦、大閘蟹、江河湖泊中的魚鮮等等真是不勝枚舉，我家在江浙地區落戶近三代，習慣了這樣的飲食生活，除了去住家附近的鹹河頭邊定期採購海鮮，家中餐桌上，也時常點綴著蘇式燻魚、糖醋酥魚、鹹菜黃魚等美味。

　　在魚米之鄉的江浙地區，優質稻米配上青蔬的菜飯，是家庭中常見的飯食，口味清爽，色澤優美，就餐時既可賞味又能悅目。米食不但作為充饑之用，更進一步成為點心或茶食，蘇州的甜食有許多都與米食有關。父親每日午睡起身後，時常沏上一壺濃茶，配以幾款米糕類的茶點，我們也就在一旁沾光了！悠閒生活裡的樂趣，反映出江浙飲食優雅的傳統。

海產集散地——寧波「鹹河頭」

　　我出生在寧波一所大宅，家門口通往鹹河頭的那條街是

「天封橋」，後來不知何時，當地政府把它改名為「大沙泥街」。這條街並不寬大，約為一條汽車單行道的寬度。

民國二十年以前，還不曾有汽車、機車、大貨車這些交通工具，出門時女眷是坐轎子，男人則用雙腳步行，好在整個城市並不是很大，而且活動範圍有限，居住環境還算清潔、安靜。

大沙泥街並不很長，從頭到尾不過幾百公尺，街的盡頭是一座廟，稱為「雪竇寺」，廟前分左、右兩條路，左邊的那條就是連接「大沙泥街」的「小沙泥街」。據說當時定名為「大、小沙泥街」是有些依據的，因為那裡有一座塔，名為「天封塔」，初為唐朝時所造，後塔寺重整時所需的木料、磚石泥沙，都堆積在附近空地上，待塔修建完成，為了方便遊人行走，就把堆過材料的空地築成兩條路，這就是後來名稱的由來。

由大沙泥街盡頭轉彎到小沙泥街，行走幾百公尺以後，再轉個小彎，一直向前走，便到了「鹹河頭」。「鹹河頭」路面比較寬些，路的右邊是一條寬廣的河，河上有幾所埠頭，可供船隻停泊，裝運貨物。路的左邊是一間間的店舖，店裡賣的都是船隻運來的海味。

寧波附近有許多島嶼，如象山港、沈家門、大陳島等等，那裡的居民多以捕魚為業，當他們捕撈各種漁獲以後，就運到這個區域來銷售，久而久之，鹹河頭便由一個簡陋的碼頭，變成熱鬧的海產集散地了。

鹹河頭邊，每個季節都有不同的漁獲，新鮮貨初上市時價錢較貴，過了一、兩個星期以後，到了盛產期，捕獲量多了，售價變低，不管窮人、富人就都可以一嚐美味的海產。

我家因地利之便，常常是整籮整擔地將魚、蝦、螃蟹買回家，品嘗這些海鮮物美價廉，可說是莫大的享受。

在當時並沒有完善的冷凍設備下，當某處魚量捕獲過多時，漁民們為了保鮮，就將海產用鹽醃漬起來，整箱整櫃地送到鹹河頭旁的舖子販售，這些產品稱為「醃漬品」，待新鮮海產下

市，人們會利用這些醃漬品，烹調出當地特有的菜色，它們往往比新鮮海產更饒富滋味。

常常飄散著鹹腥魚蝦味的「鹹河頭」，對於造就出寧波獨特的風味菜，實在功不可沒。

人人都愛吃的黃魚料理

在寧波市生長的人，沒有一個不喜歡吃黃魚的。吃黃魚是有季節性的，不是一年四季都有得賣。

農曆四月中旬，黃魚剛剛上市，那是六、七吋長的小黃魚，價格較貴，一般人家不敢買。一個星期後，魚獲量漸漸多了，價格也降下來，以當時（民國十幾年）的價格，一塊銀元就可以買一竹籃的小黃魚。由於當年沒有好的冷藏設備，吃不完的魚怕腐爛，於是處理乾淨、醃漬完畢，就在日光下曬乾後收藏起來，慢慢食用。

到了端午節前，小黃魚已長成大黃魚了，魚身約有一呎多長，魚肉也厚實多了。家家戶戶都會買一條黃魚作為端午節的午餐，是一道應時的菜。

過了端午節，黃魚價格便宜下來，人們更有機會嚐鮮了。

黃魚的生長期較長，所以常常可以吃到不同做法的黃魚。最普通的是「紅燒黃魚」，加些大蒜瓣同燒，便是「大蒜黃魚」。

醃漬黃魚則是典型的寧波菜，人們將新鮮黃魚用鹽醃過再曬乾，就叫「黃魚鯗」（音「ㄒㄧㄤˇ」），便於收藏。待食用時，可將魚乾切塊與豬肉一同紅燒，便是名菜「黃魚鯗烤肉」（「烤」字是紅燒的意思），極為適合用來宴客。

寧波人最愛吃「大湯黃魚」，把黃魚油煎以後，加些雪裡紅醃菜、生薑、蔥、酒，多放些水漫過魚身，煮熟後一魚兩吃，既可吃魚肉又可喝魚湯，餐桌上有這一道菜便足夠了。

此外，在黃魚背劃上幾刀，撒上些鹽醃幾小時，用油煎來吃，十分香脆可口。還可以把魚切成薄片，用麵粉、雞蛋調和成薄糊，把魚片沾了麵糊，在熱油中炸熟、炸脆，叫作「拖黃魚」，外脆裡嫩，十分可口。

黃魚除了做菜吃以外，還可以搭配麵食吃，例如：

一、把黃魚燒好，將魚骨頭、魚刺剔除，魚肉和魚滷用來煮麵吃，味道鮮美，麵湯裡加些莧菜或菠菜，顯得綠意盎然。

二、黃魚肉細嫩，剔去刺，切成小塊，拌上調味料，加點韭菜黃或韭菜做成餡，包成黃魚水餃，別有風味。

三、大黃魚的肉，加筍丁、木耳做成黃魚羹。或是先將麵煮好，把黃魚羹淋在麵上，再加點青葉、莧菜或芫荽菜，成為打滷麵，也是很可口的食物。

鰻魚料理

　　到了秋冬時節，有大鰻魚上市，肉細嫩，刺很大，容易剔出來，做法有三種：

　　一、清蒸鰻魚：新鮮的鰻魚可以切成幾段（每段約三、四吋長），淋點米酒，加蔥、薑，塗上點鹽，放入電鍋蒸熟，十分鮮嫩可口，吃起來不用擔心魚刺。另外一種食法，是用紅糟塗在魚上去蒸，吃時有魚的鮮味，也有紅糟的香味。

　　二、鰻魚餃子：取下魚肉切成小塊，與碎豬肉攪拌，拌上調味料，亦可加一小撮韭黃或韭菜，包成餃子，就是所謂的「魚餃」，味道鮮美。

　　三、鰻魚鯗：把鰻魚剖開、洗淨，醃漬後曬乾，稱為「鰻魚鯗」。食前蒸熟，切成小條，是絕佳的下酒菜。也可用鰻魚鯗燒豬五花肉，就是餐館菜單上所寫的「鯗烤肉」，在江浙宴席中也是一道名菜。

魚羊合鮮的鯽魚料理

　　買一塊羊腿肉、一條半斤重的鯽魚，處理完後，先把羊腿肉切成幾塊，用油炒過，加鹽、胡椒、花椒、草果等大料，加水漫過羊腿肉，接著置於爐火上，先用大火煮開之後，再改用小火慢燉。

　　另將鯽魚洗淨，身上劃幾刀，用油煎一下，然後把魚與羊腿肉同置一鍋，用小火慢煮，待羊腿肉軟熟，即可放冰糖數塊，轉大火耗湯後起鍋。

　　這道菜有羊肉的香味，也有魚的鮮味，所以叫「魚羊合鮮」。適宜闔家團聚時食用，用砂鍋烹煮更有味道。

鮮美墨魚料理

　　盛產墨魚時，漁民會把墨魚處理乾淨、曬乾，然後一捆一捆地拿到店舖銷售。墨魚買回家後用清水浸泡，加上幾匙鹽，比

較容易發脹，脹開以後，可以用來燒豬肉或燉雞湯，美味無比。

另有一種醃好的墨魚卵子，有些類似台灣的烏魚子，蒸熟以後切成薄片，食時沾一些酸醋，非常可口，也是下酒的佳餚。

在海鮮產地，即使是魚翅、海參也不是很昂貴的食材，所以在酒席上常可見到所謂魚翅席或海參席。然而，在離海岸較遠的省份，吃海味較不容易，來源少、價錢貴，所以就用乾的墨魚來代替，稱之為「墨魚席」：將墨魚切成細絲，擺在菜的中間，也只有少少的幾條而已，僅能充個場面。

老奶奶的甲魚食療法

我住在南京時，鄰居有位二十來歲的年輕人患了便血症，面黃肌瘦，樣子很不好看。當時醫院沒有現在的先進設備，他看了醫生，吃了藥也無效。後來他的奶奶想到用清蒸甲魚來治療，每星期吃一、二次，結果很快就見效了。

我請教那位老奶奶：

「吃清蒸甲魚可以治病嗎？」

老奶奶說：

「便血是因為腸子有破裂，甲魚的殼有膠質，清蒸以後，連甲魚肉和湯一起吃下去，膠質可以修補腸壁，所以很快就恢復健康了，這是中國人的食療法。」

根據老奶奶的解釋，這是一種既簡單又安全的食療法，可惜現在已沒什麼人知道了。

甲魚又稱水魚或鱉，是一道美味的酒席菜，但是在台灣的宴席上，我從來沒有見過。

先說殺甲魚的方法，殺甲魚不像殺雞或鴨能那麼簡單地一刀斃命，雞鴨也不會反噬。甲魚背上有一塊厚厚的殼，四隻腳和頭、尾都縮在裡面受到保護，所以很不容易一刀剁死。

如果你不小心將手指碰到甲魚頸部，牠會把你的手指咬緊

不放，弄得鮮血淋漓，甚至手指還會被牠咬掉。所以在殺甲魚時，先要拿一根竹筷子，逗弄甲魚把筷子咬住，然後一腳踏在甲魚背上，使牠不能移動，拿筷子的手用力向外拉，使甲魚的脖子伸出來，乘機一刀剁斷牠的頸子。

待甲魚血流完後，用熱水燙過，剝開背殼，將甲魚身體整個拿下來不要弄碎，把腹腔內的內臟除去，切下四隻腳和頸部，身體剁成八塊或六塊（看甲魚大、小而定），放在大盤子或大碗內，加料酒、蔥、薑、八角、鹽、一片火腿和一匙油，將甲魚殼蓋上，放入蒸籠用大火蒸半小時，等到香味四溢時，即可開啟籠蓋食用，這種做法叫「清蒸甲魚」。

另外，也可以用來紅燒，做法跟紅燒肉一樣，最後收汁時加入冰糖數塊，所以又稱「冰糖甲魚」。

醃漬鹹帶魚

將鹹帶魚略微清洗後，加料酒、薑片、蒜頭，另切少許醃菜下鍋，加清水烹煮，可當作菜餚，也可作為一道魚湯，經濟又實惠。

材料 🍅

鹹帶魚⋯⋯⋯⋯⋯⋯⋯⋯⋯⋯兩條
料酒⋯⋯⋯⋯⋯⋯⋯⋯⋯⋯⋯兩湯匙
薑片⋯⋯⋯⋯⋯⋯⋯⋯⋯⋯⋯四片
蔥段⋯⋯⋯⋯⋯⋯⋯⋯⋯⋯⋯六根
油⋯⋯⋯⋯⋯⋯⋯⋯⋯⋯⋯⋯適量

做法 🌿

1 鹹帶魚洗淨後切成數段，加料酒、薑片、蔥段在電鍋中蒸熟。

2 接著可用油煎熟，至魚身兩面酥黃香脆，宜粥宜飯。

梅奶奶的
美味叮嚀

鹹帶魚的製作方法：
1. 新鮮帶魚洗淨、去內臟後，切成兩段，橫剖開來。
2. 用鹽將帶魚正、反兩面充分搓揉，醃漬起來。
3. 將魚放在可漏水的網筐中，置入冰箱冷藏。
4. 過兩日後，將魚取出吹乾，數日後即成鹹帶魚乾。
5. 鹹魚乾的製法可用於其他魚類製程中，只要保持低溫、乾燥即可。

黃魚鯗烤肉

古早人們勤儉而細心烹調，將醃漬的黃魚乾切塊與豬肉一同紅燒，就成了這道名菜「黃魚鯗烤肉」（「烤」字是紅燒的意思），是待客的佳餚。

材料

黃魚乾	一大塊
豬五花肉	兩斤
黃酒	一碗
醬油	四大匙
生薑	四片
大蒜	四瓣
蔥段	兩根的量
白砂糖	少許
清水	半碗
油	半碗

做法

1 黃魚乾洗淨，切成手指粗條狀。五花肉切成稍大塊，洗淨、過油。

2 將魚乾與肉塊放入鍋中，並加入黃酒、醬油、薑片、蒜瓣與半碗清水，以大火燒開後，轉中火慢燉。

3 約三十分鐘後，以筷子試戳肉塊，如已鬆軟則可加入蔥段與白砂糖，並轉大火收汁，隨即起鍋。

醬油　　　　　　　大蒜　　　　　　　薑

梅奶奶的
美味叮嚀

1. 黃魚乾本身已有鹹度，所以烹煮時不需加鹽料，以免過鹹。
2. 肉塊入鍋後，燉煮時需注意翻動鍋底，並控制水分，防止黏鍋。
3. 黃魚鯗烤肉的醬汁在熬至濃稠時關火，鹹香入味最宜下飯。

糖醋酥魚

在當時的年代，常有鄉下人提著水桶，裝著從河裡提來的小鯽魚沿街叫賣，小魚大約只有三、四吋長，都是活的，非常新鮮。

父親總會買下兩、三斤，讓廚子處理乾淨後，先用油輕輕炸過，然後取一只大砂鍋，底下放一層蔥，蔥上面排列一層魚，再放一層蔥、一層魚，最後把剩餘的蔥全部蓋在上面，加上糖、醋、醬油、酒和薑。鍋中不要加水，蓋上鍋蓋，先用中火煮開，再改用小火慢慢燜煮到魚熟蔥軟才熄火。

熄火後不用急著打開鍋蓋，讓餘溫再燜上幾分鐘。開鍋取食，一陣陣蔥香、魚香撲鼻而來，完全沒有土腥味，而且魚刺、魚骨全酥了，可以嚼嚥下去，是很好的下酒、下飯菜，熱吃、冷食都相宜。

材料

小鯽魚	三斤
青蔥	兩斤
糖	四大匙
烏醋	一碗
醬油	兩碗
料酒	半碗
薑	六片
油	一碗

做法

1 青蔥洗淨，切成長段。

2 小鯽魚去除內臟後洗淨，以油輕輕炸過。

3 在大砂鍋中先鋪一層蔥、再鋪一層魚，再放一層蔥、一層魚，最後將剩餘蔥段全部鋪在上面。

4 鍋中不加水，加上糖、醋、醬油、酒和薑片等，佐料要稍漫過魚身，蓋上鍋蓋，以中火煮開，再轉小火燜煮約半小時。

5 關火後不急於掀鍋蓋，要多燜煮幾分鐘，待取出放涼後即可享用。

鍋中先鋪一層蔥、再鋪一層魚，再放一層蔥、一層魚。

燻魚

在宴席上的冷盤中，常有燻魚這道菜，但總令人覺得不夠入味，或許是因為魚選得不好。

大致來說，做燻魚的魚有三種：草魚、鯧魚和鯇魚。草魚刺多，吃起來怕刺嘴；鯧魚的肉嫌粗了點；鯇魚最適合，肉細嫩而少刺，切成薄片擺在盤子上，也很美觀。

材料

鯇魚	一條（約一斤半）
蔥	四根
薑	一大塊
酒	一小碗
醬油	兩小碗
八角、花椒和桂皮	適量
冰糖	兩大匙
麻油、烏醋	大半碗（飯碗）
胡椒粉	少許
太白粉	兩茶匙
油	多量

八角　　　花椒　　　桂皮

做法

1 先洗淨魚，斬去頭尾不用，其餘斜切成半吋厚的大片，放入以蔥三根、薑三片、酒半碗、醬油一小碗所混合的調味料中浸漬半小時，不時翻動。

2 將魚取出，在浸魚的調味料中再加酒半碗、蔥四根、薑（切成六片）及醬油一小碗。將八角、花椒和桂皮放在一小紗布袋內，投入上述調味料中，置爐火上煮幾分鐘，待香料味出來後，加入冰糖、麻油、醋，用小火煮溶。

3 多量的油燒熱，將魚塊分數次炸黃後撈出，趁熱浸入做法2在爐火上煮沸的滷汁中，稍煮片刻使其入味。然後將魚塊撈出，整齊排列在盤內，將滷汁中加胡椒粉少許，並用太白粉勾芡，淋在魚面上即成。

梅姑姑的美味叮嚀

此種燻魚是浙江人做法，無論是當作酒席上的冷盤、自助餐還是裝飯盒都很適合。魚盤邊上可用紅綠色的蔬果作陪襯，增加美觀。

西湖醋魚

童年住在寧波時，因離杭州很近，所以對「西湖醋魚」這道菜的由來早已耳熟能詳。傳說從前杭州有叔嫂二人，捕魚為業，有一天嫂嫂生病，小叔將捕得的鮮魚以糖、醋烹調後給嫂嫂食用，嫂嫂吃了之後病就好了，於是這道菜傳遍鄰里間。後來經菜館精製，命名「西湖醋魚」，以西湖邊的「樓外樓」菜館最享盛名。

民國九十一年春天，我跟外子赴中國大陸旅遊，途經杭州市。旅遊西湖時，我想一嚐名菜「西湖醋魚」的滋味，誰知這家名店門庭若市，必須先訂座，臨時來的客人沒有位子，我們只好望樓興嘆了。

材料

草魚	一條（一斤二兩左右）
黃砂糖（或白糖）	三茶匙
烏醋	四茶匙
醬油	兩湯匙
薑	兩片
蔥	一支
酒	一湯匙
薑絲	一大把
太白粉	適量
熱油	半湯匙

做法

1 草魚洗淨，橫腰切成兩段。

2 糖、醋、醬油拌勻備用。

3 大鍋中放入清水煮沸，將魚段放下，加入薑、蔥和酒。待水再沸時把鍋端開離火，將魚塊續燙十餘分鐘，取出後置入盤中，加入薑絲。

4 糖、醋和醬油在鍋中煮沸，淋入濕太白粉（太白粉加水）拌勻後，澆在魚身上，再淋上熱油半湯匙即大功告成。

梅奶奶的
美味叮嚀

1. 這道菜在揚州也有，但做法略有不同，杭州做法是醬油多、顏色深，揚州做法則是醬油少、顏色淺。

2. 烹煮時，可隨個人喜好斟酌調理。魚不用煎或炸，只用沸水燙，為取其鮮嫩而不失原味，這是江浙菜的特色。

3. 可以當作宴席菜，亦可當成家常菜，不但步驟和材料簡單，也價廉味美。

舖蓋捲

在我上小學的時候，晴天時中午會回家吃飯；若是遇到風雨天，家裡就會派長工送飯來
學校，免得我回家淋雨。送飯時使用搪瓷做的提盒，一層一層的，共有三層。小孩子食
量少，第一層很淺，用來盛米飯。第二層常常是蒸蛋，第三層是主菜，是我平常最愛吃
的「舖蓋捲」。

這道菜是江浙菜，川揚菜在宴席與家常中亦常用。清淡而少油膩，冬夏皆宜。因其形狀
像出門所帶的舖蓋捲，故名。江浙一帶則稱為「麵結」，常與油豆腐、細粉等燴在一起
當作點心，也有人當作菜餚。

材料

千張皮	十小張
鹼水	一碗
絞肉	半斤
鹽、太白粉、酒	少許
雞蛋	一個
大白菜葉	數片
高湯或清水	兩碗

做法

1 將千張皮用鹼水浸至發白，接著取出在清水中漂去味道後備用。

2 絞肉中加鹽、太白粉、酒少許，並加雞蛋一枚，拌勻成肉餡。

3 取一張千張皮平鋪在菜板上，放少許肉餡在中間，將四周捲起包成圓形。按此步驟逐一完成千張捲。

4 取大白菜數葉洗淨、切段，在熱油鍋中收乾菜中水分，加鹽和酒少許，接著將千張捲排在菜面上，加高湯或清水至與菜面齊平，再蓋上鍋蓋，先用大火煮沸，再改用中火煮至大白菜酥軟，湯汁變稠時即可盛起。

取一張千張皮平鋪在菜板上，放少許肉餡在中間後包起。

梅奶奶的美味叮嚀

1. 要注意一點，千張皮浸在鹼水中的時間不可過久，否則容易變得軟爛，無法包肉餡，待千張皮變白、變軟即可馬上取出。

2. 配料可以隨意更換，如用青花菜、黃花菜、香菇、筍子、木耳等。

3. 舖蓋捲可放在砂鍋或大鍋中。煮熟後，加芡與否可隨個人喜好。

菜飯

江浙人愛吃菜飯，但菜飯要做得好吃，不是一件簡單的事。江浙餐館裡常常有菜飯，真正做得好的很少，一來是菜量不夠多，品質也不夠好，二來則是煮菜飯的米糯性太強，煮出來的飯水水軟軟的，不夠爽口。此外，菜中的油若用得太少，吃在嘴裡往往會有乾澀的感覺。我的朋友們來吃菜飯，每次都讚不絕口，還預約下一餐，因為我將上述的缺點一一改善了，其中一個秘訣是，做菜飯要買好的青江菜，煮飯的米最好用在來米，比較硬而且容易吸水。

材料

青江菜	四棵
在來米	兩杯
鹽	一茶匙
油	適量

青江菜

做法

1 把青江菜洗淨、瀝乾水分，將莖與菜葉分別切開。米洗淨，浸一下水。

2 將鍋子燒熱加油，油熱後先倒入青江菜莖翻炒，加鹽，再放入菜葉一起炒勻，接著倒入已洗淨的米繼續炒勻、加水——這一點有關菜飯的成敗，要特別注意，因為青江菜煮後會出水，所以米不可按照平常煮飯的米與水的比例來放，水大概只要加平時的三分之二或更少。

3 下水後，蓋上鍋燜煮至沸騰，再開鍋翻炒幾次，直到水分變少，才蓋鍋將火轉小，慢慢烘烤至全熟。

4 在烘烤中，用筷子在飯上插幾個洞，使蒸氣上升均勻，上層的飯、菜都可軟熟。

5 烘烤十五分鐘後，打開鍋蓋翻動一下，即可取食。

梅媽媽的美味叮嚀

1. 炒菜時亦可加入香腸或臘肉（切小塊）以增添味道，食用時更為可口。
2. 配食菜飯的下飯菜，可用：炸排骨、炒八寶醬、醃冬瓜、鹹魚蒸蛋、萬年青湯（萬年青即青菜烘曬乾用來泡湯，淋上麻油及醬油，見第一三一頁）等，可達成葷素營養均衡。

紅蔥烤排

紅蔥烤排大宴小酌、家常兩宜，作宴席菜時可以整塊大排上桌，不要切開。
此道菜可以熱食，亦可冷食，當成孩子的便當菜肯定大受歡迎。要注意保留醬汁，這是
美味的關鍵。

材料

豬排骨（取長方形）…………	一斤半至兩斤
醬油……………………………	大半碗
料酒……………………………	兩湯匙
紅蔥頭…………………………	十粒
鹽………………………………	兩茶匙
生薑……………………………	兩、三片
八角……………………………	數粒
冰糖……………………………	一茶匙
清水……………………………	兩碗
油………………………………	四大匙

做法

1 豬排骨洗淨，用紙巾吸乾水分後，在醬油、料酒中浸泡二十分鐘，浸泡過程中要時時翻動使其均勻入味。

2 紅蔥頭去皮、洗淨後拍碎，放入油鍋中爆香。接著將排骨肉放入油鍋內，兩面煎透。

3 加醬油、鹽、料酒、生薑、八角，再加入清水與排骨。

4 先用大火燒沸，再改用小火燜煮，每隔二十分鐘翻動一次。

5 待排骨肉用筷子一插即入時，放入冰糖，改用大火，耗去多餘湯水，使滷汁濃縮至一飯碗，即可熄火盛出。

豬排骨

紅蔥頭

八角

冰糖

砂鍋牛肉

記得小時候，我家廚房有一個木製的櫃子，共分作三層，是專門拿來放砂鍋的：第一層放小砂鍋，小砂鍋有蓋子也有鍋把，是用來給病人或孩子們煮粥的。第二層放著特大號的砂鍋，用來燉煮老母雞湯或熬鴨湯，過年過節時常會用到。第三層則放置中號的砂鍋，這種砂鍋用來滷菜或燒牛肉最適當，我常做的「砂鍋牛肉」就用它來燉，大小可以容納三斤至五斤的牛肉。

砂鍋牛肉顏色赤醬油亮，充滿溫潤酒香。然而，因為只用醇酒，煮出的牛肉並沒有湯汁水分，就連蔥、薑等都被焗得香氣四溢，令人食指大動，下酒、下飯俱佳。

材料

牛肉	三斤
黃酒或紹興酒	一瓶
醬油	一小碗
生薑	數片
蔥	數條
八角	數粒
紅棗	五、六個
鹽	一湯匙
冰糖	數塊

做法

1 把牛肉洗淨、切成稍大塊，瀝乾水分，放入砂鍋中。

2 將黃酒或紹興酒、醬油、生薑、蔥、八角、紅棗和鹽放入砂鍋中。

3 先以大火煮開後，改用小火慢慢燉煮，不要打開鍋蓋，以免蒸氣跑掉。

4 過一小時以後，掀開一點鍋蓋，用筷子試插一下牛肉的軟硬，煮至軟硬適中，稍嚐鹹淡後就可掀開鍋蓋，加冰糖數塊，稍候即可上桌。

用砂鍋煮牛肉應注意幾件事：

1. 牛肉可選用牛腩或半筋半肉搭配。

2. 不可用大火，以免砂鍋破裂。

3. 不要加水在牛肉裡，以保持其原味。

4. 砂鍋牛肉若份量較多，一次吃不完，可以盛出一盤上桌，其餘封存在砂鍋內，不要攪動，待下次再吃，味道也不會變。

5. 新的砂鍋使用前，要用稍濃的洗米水以中火煮過。由於新砂鍋恐有小砂眼會漏湯汁出來，這樣處理過的砂鍋較能入味，也較不易產生龜裂。

6. 剛煮好菜餚的砂鍋，離火之後，不可放在冰冷的器皿上，否則熱騰騰的砂鍋遇冷恐會炸裂。要讓它慢慢地自然降溫。

梅奶奶的美味叮嚀

南京菜，
與蘇州回憶

南京，令人懷念的香味

我曾在南京住過約七、八年，十分熟悉南京的特產，說到南京的美食，首推「板鴨」與「鹽水鴨」了。

南京城市裡面，賣鹹板鴨與鹽水鴨的店到處都有。住在南京的人，一遇到家裡臨時來了客人，必定會叫佣人拿只碗，到鴨舖子裡剁一份鹹板鴨或鹽水鴨、鹽水鴨胗加菜，既方便又實惠。

買鴨子的同時，還可以買點鴨湯回來燉青菜、豆腐，餐桌上又多了一道待客的佳餚。

雖然這些情景已經過去七十幾年，回想起來，仍然「鴨香繞鼻」，宛如昨日。

在台灣，我所熟知的是一家在台北信義路叫作「南京板鴨」的店，雖然口味沒有南京的道地，但早年住在台北時，我常去光顧。

每到舊曆年前，我也會自己下廚做，但氣溫太熱，不能久放，只能做一隻鴨子嚐嚐味道而已。

板鴨

烹煮板鴨最好用母鴨。把一隻鴨子洗淨後，切開腹部，用布或棉紙吸乾水分。

先將兩匙鹽和少許花椒在鍋內炒熱後，在鴨身上以及內腔、頸部、口內擦勻，接著把鴨子放在盆內，上面用重物壓住，

醃一天以後翻轉一次。再醃上一天，即可取出，用繩子紮住鴨脖子，同時把鴨胸腔和腹部用竹筷撐開，掛在有太陽處曬乾，即成「鹹板鴨」。

每次剁下一大塊，在清水中煮熟或放電鍋內蒸熟，等到稍涼後剁成塊，即可食用。

煮了板鴨的湯汁還可以加青菜、豆腐和粉絲一起燉，就是美味的砂鍋豆腐，也可以用來煮麵，味道很不錯。

鹽水鴨

鹽水鴨的做法與鹹板鴨大致相同，只是不需要重壓，醃一天後取出，保留鹹滷汁並煮沸放涼，將鹽水鴨放在滷汁裡浸泡二十四小時使其入味，然後開火煮熟、待放涼後切塊就可以了。

鹽水鴨沒有鹹板鴨那麼鹹與硬，但是不能久放，而且一定要用老滷汁浸泡才夠味。鹹板鴨因為比較鹹，可以放久一點。

八寶鴨

「八寶鴨」這道菜在我家餐桌上常常見到，因為有「八寶」之名，內容豐富而備受大家喜愛。它的好處是做法簡單，並不油膩。吃完鴨肉與八寶料後，鴨架子還可用來煨湯，是下一餐的煮麵高湯或煮鴨汁粥的好材料。一鴨數吃，非常經濟實惠，不妨一試。

備妥白糯米半量杯，切好配料（火腿丁、香菇丁、蝦米、紅棗、桂圓肉、蓮子、青豌豆）各一湯匙，鹽兩大匙，醬油兩湯匙，以及棉線與針。

將白糯米洗淨後，用清水浸泡半小時，接著將水分瀝乾，把其餘所有配料皆拌入糯米中，加入鹽、醬油備用。洗淨鴨子，並用鹽輕抹鴨身，再將鴨子入油鍋中炸過，除去水分。

接著將拌好的白糯米和配料塞入鴨腹中，腹部不切開，由鴨子後部塞入，用棉線縫住後，把鴨放入大電鍋內，外鍋注入清

水四杯蒸煮。水乾後稍停五分鐘，開鍋用竹筷試插鴨肉較厚的部分，如不軟熟，再加清水二、三杯，繼續再蒸，直到熟透為止。

香味四溢的「八寶鴨」蒸好後送上桌，將所縫的棉線拆除，把鴨子翻轉過來，切開腹部，用湯匙挖出內部的八寶材料與鴨肉一同吃，風味無窮，下酒、配飯、宴席、家常均宜。

要注意的是，鴨子不宜買太大隻，以免不易蒸熟。所用的八寶配料可隨意更換，但不要太多，以免塞得太緊而不易蒸透，造成鴨子已蒸爛，八寶卻還未酥軟，有損美觀與口感。要做出一道好菜不是很簡單的事，每一處細節皆須細心處理。

蘇州，我的大學歲月

憶蘇州茶食、小吃和名菜

還未去蘇州唸書以前，常聽別人說：「上有天堂，下有蘇杭。」可是當我進入姑蘇城時，卻發覺蘇州還不如我以前所住過的城市，心中難免有點失望。

一個星期假日，我和同學們出去逛街，到了著名的「玄妙觀」大街。鬧街上商店林立，其中最引我們注目的是賣茶食的「采芝齋」，它的面積並不大，只有四到六個榻榻米那麼大，可是來買茶食的顧客卻是絡繹不絕。

我們在店門口稍站了一下，看看別人買些什麼食品，待人潮稍退，進去採買時，同學們卻不知如何開口了，因為這一群人當中，除了我之外，其他人都來自別的城市，不懂得蘇州話。

蘇州的茶食種類很多，米糕製品就有很多種。如「松子糕」，是用糯米做的，加白糖和松子，做成一條條比手指略粗，上面撒些桂花的蒸糕，清香怡人，又很滋補。松子糕可以吃冷的，也可以蒸熱吃。「定心糕」也是以米粉製作，染成粉紅色，它的形狀如元寶，約有一吋多厚，外型討喜，口感清甜，吃來清爽不膩。另有一種四方形狀，上、下兩面用米粉做成的蒸糕，中

間以棗泥或豆沙夾餡，白裡透紅的色澤，豐厚的口味，作為午後的茶點最是合宜。

此外，廣受歡迎的茶食還有薄片的核桃糕、松子雲片糕、碗形的八寶飯、豬油糖年糕或素的糖年糕（以白糖或黑糖做的）、松子糖（松子夾在麥芽糖裡，做成像粽子形狀），還有一種「牛皮糖」也是用麥芽糖做的，每塊切成寬半吋、長數吋的條狀，壓扁以後，兩面撒上些白芝麻，待涼後用力一甩，糖就斷成小段，可以食用。

炒黃豆也是一種可口的零食，黃豆先用糖水浸過，曬乾再炒熟、炒酥，用來下酒也很不錯。至於用蓮子做的糖蓮子、糯米灌蓮藕、玫瑰瓜子、油皮花生、黑芝麻豆酥糖、山楂糕和奶油花生米等，更是不勝枚舉。

蘇州人愛吃甜味的東西，不但茶食甜，連煮出來的菜餚也是甜的，其他省份的人吃來不習慣。

蘇州的小吃很有名也很有特色。玄妙觀裡就都是一攤一攤的小吃，有小湯包、千張包、蝦仁餛飩、燻魚麵、鱔絲麵、大肉麵、油豆腐細粉、炸番薯片、酒釀湯丸、紅棗桂圓蓮子粥及各色粽子（甜的有豆沙、棗泥，鹹的有肉粽和鹼粽），洋洋灑灑擺滿了玄妙觀，令人目不暇給。那裡的食物不但物美價廉又可口，吸引了不少學生和勞工階級上門。

蘇州因為靠近太湖，菜餚中所用的魚、蝦、鱔魚和鱉、蟹都取之於該處，而且都是活生生現殺的，非常新鮮。

蘇州最有名的餐館叫「松鶴樓」，它的名菜有炒鱔糊、燒划水和活搶蝦。「活搶蝦」是把活的河蝦放在盤子裡，上面用大碗蓋住，將小碗裝調味料置一邊，食時用筷子揭開一點大碗邊，夾出一隻跳動的河蝦，在調味料中一沾，送入口中，據說味道非常鮮美，但我不敢吃。

炒蝦、腰（豬腰）、炸鱔絲、清蒸甲魚、冰糖肘子、炒蝦仁、蟹粉湯包、醬爆蟹等等，都以太湖所產的魚蝦、蟹類為主。

麵食方面有蝦、腰麵、划水麵、大肉麵、蟹粉麵、鱔魚麵、蝦仁麵、菜肉餛飩、薺菜餛飩、蝦仁餛飩等，都十分美味，現在回想起來，還會流口水呢！

民國九十一年春天，我再度重遊蘇州，發現當地各方面都有了顯著的進步，唯獨那些有特色的小吃，卻已非原來的做法和味道了。

竹筐盛載著無錫肉骨頭

我在蘇州讀大學時，常去無錫和朋友會面。當地的朋友常請我吃無錫名菜，如脆鱔、炒河蝦、划水麵、冰糖肘子、炒蝦腰，還有無錫肉骨頭。在那些名菜中，我最欣賞的是「肉骨頭」，這是別的省份中所沒有的。

當年我從蘇州搭乘火車回家時，蘇州的下一個大站便是無錫，火車一進站，就有好些小販提著用竹片編成的小筐，裝著「無錫肉骨頭」來窗邊叫賣，我一定會買一筐帶回去給美食家父親嚐嚐。

梅奶奶與丈夫梅可望，攝於同遊大陸時。景物依舊，那些地方上的特色口味卻少見了。

無錫肉骨頭

來到台灣以後，販售各省菜餚的餐館陸續開張，江浙館子尤其多，可是在江浙館中卻吃不到無錫肉骨頭。菜單上所寫的無錫排骨，實際上只是一般的紅燒排骨而已。

老饕如我者，不願讓名菜變成絕響，於是向幾位熟識的無錫朋友求教這道名菜的做法。我在家試做了幾次，做出來的肉骨頭很接近當年在無錫所嚐到的。每當有客人來聚餐時，我把它端上桌，經常被大家搶吃一空，連呼「好吃」！

材料

上好豬脊椎肉（須連骨頭）	兩斤
蔥、生薑、八角、花椒、冰糖、太白粉、酒	少許
醬油	三碗
鹽	適量
油	適量

八角

做法

1 用熱水燙除肉骨頭血水後洗淨。

2 將肉骨頭放入鍋中，加蔥、薑、醬油、鹽、酒，八角、花椒等香料用小紗布袋包好，注入清水續煮肉骨頭，先用大火煮開後，改用小火，燜煮至肉熟透後熄火。

3 撈出肉骨頭，瀝除湯汁，在油鍋中以中火輕輕炸過。

4 煮肉骨頭的湯汁中，加入冰糖煮溶。太白粉用水調開，徐徐傾入湯汁中，用大火耗湯，使湯汁變稠熄火，將汁淋在炸好的肉骨頭上即大功告成。

梅奶奶的美味叮嚀

1. 做無錫肉骨頭，著重「老滷」。老滷的味道濃厚，每次滷煮肉骨頭的湯汁可留下一些，並將渣滓濾淨，大火煮滾後放涼，收入冰箱冷藏，即為老滷，下次使用時，將老滷加熱，再按原比例再加入醬汁與香料，如此，肉骨頭的滋味自然豐美異常。

2. 這道菜可以熱食。如放入冰箱使滷汁凝結後再吃，味道更佳。

茶葉蛋

茶葉蛋又叫作「鹽葉蛋」，是江南人的點心之一。外面賣的沒有用好材料製作，吃起來往往像白水煮蛋一樣。因此，我常常自己煮茶葉蛋，吃過的人都讚不絕口。

材料

雞蛋……………………………十個
鹽………………………………兩茶匙
白砂糖…………………………少許
茶葉（最好用清茶）……………適量
八角……………………………適量
醬油……………………………少許
紗布……………………………一大塊

煮茶葉蛋要用上好清茶。

做法

1 雞蛋洗淨，放入鍋中，加清水滿過蛋，再加鹽兩茶匙，放醬油少許提色，用中火煮開後熄火。

2 不要掀開鍋蓋，讓蛋在滾水中燙熟，待水稍涼時取出蛋，輕輕敲出裂紋，再把蛋放回鍋中，加砂糖。

3 用紗布將茶葉與八角包好，放入鍋中，鍋中水分要滿過蛋，然後蓋鍋用中火煮開，煮開後改用小火，煮約十分鐘後熄火。

4 鍋內水溫涼後再開火煮一次，摸鍋子覺得有點燙手即可熄火，浸泡數小時後即可取食。

梅奶奶的
美味叮嚀

1. 做法1用中火煮開即熄火，以避免蛋在大火煮沸過程中破裂不成形。
2. 拿出蛋敲裂紋時要小心，動作要輕，勿使裂痕太大，以免煮後一團混亂，有礙美觀。
3. 煮蛋用的茶葉最好用上好清茶，煮後有股清香味道。茶葉與八角視所煮雞蛋多寡而定。茶葉蛋的滷汁要比平常的口味鹹，否則煮成後會像白水煮蛋一般。茶葉蛋煮好後，取出放入冰箱，食用前在電鍋蒸熱一下即可。

川揚菜

　　祖父的繼室吳氏奶奶是江蘇省鎮江人,她有一個妹妹,我們稱她為「三姨奶奶」,結婚沒有幾年,丈夫便過世了。

　　吳氏奶奶基於手足情深,與祖父商量後,決定將三姨奶奶母女接來同住。當時祖父官拜「一品將軍」,住在官衙裡,空房間很多,而且大廚房裡的伙食無缺,供應她們生活不是問題,於是她們便相安無事地住下來了。

　　吳氏奶奶因多病的關係,不能常常出來參加應酬,就連身邊的小事也需要有人照料,因此照料吳氏奶奶的責任,自然就落在三姨奶奶的身上。

　　吳氏奶奶從小吃慣鎮江、揚州的菜,然而家裡的廚子做不出那種味道,甚以為憾。幸好,自從三姨奶奶來住以後,她的拿手川揚菜使吳氏奶奶的胃口有了進步。在三姨奶奶的拿手菜中,令我至今仍深感懷念的莫過於「紅燒獅子頭」和「肴肉」了。

肴肉

肴肉為川揚名菜，常用於酒席上作冷盤，亦有論塊銷售的，做成小吃菜餚。食用時搭配薑絲與鎮江醋，別有風味。

食材選用豬前腿肉五斤，鹽一兩半，硝彩六錢，蔥、薑、酒、八角，與茴香（大茴、小茴）各少許。

先將豬前腿肉上的肉皮取下，使皮上稍帶肥肉，把皮面上的豬毛刮淨備用。剔除肥肉與筋，餘下的瘦肉片成大薄片。用尖物在薄片上插花，使鹽分容易滲透進去。

放入鹽與硝在淨鍋中炒熱，把每片肉的兩面擦勻鹽，再放入大鍋內醃漬，鍋面用刮淨的肉皮蓋緊，然後放入冰箱冷藏，在冰箱內繼續醃製兩天，接著取出上下翻動一次，再送回冰箱，繼續醃至第三天出滷。接著煮沸一鍋清水，放入出滷的肉片及肉皮，煮出血水後撈出，用清水洗淨。

另換半鍋清水，加入蔥、薑、酒、八角、茴香，蓋上鍋蓋後用大火煮沸，再改以小火燜煮，約二小時左右即可撈出。

取長方形鋁盤一個，先將肉皮鋪在盤上（有肥肉的一面向上），再把煮熟的肉片平放在肉皮上，擠緊、排平，接著蓋上一塊乾淨的布，再用一重物壓緊約數小時，待肉冷卻後，取下重物，連鋁盤一起送入冰箱，使滷汁凝結、肉塊固定以便於切塊。

冷凍半天後取出，肉皮朝下，切成比骨牌略大的長方形塊，即可裝盤上桌。

做肴肉有幾個要特別注意之處：

1.切出盛盤後，剩的肴肉要立刻放回冰箱，不可使其化凍。

2.煮肴肉時所放的香料最好裝入小布袋中，煮好時連袋子一起取出即可。

3.做肴肉所用的肉不可用水洗，因洗後肉上有水分，鹽與硝不易進入肉纖維內，恐易腐化。

另有一道「肴蹄」，做法與肴肉大致相同，只是醃以前須將蹄膀剖開去骨，修齊邊緣。煮以前把蹄膀用一塊乾淨的布包緊，固定形狀後再煮，如此肉煮好後才不至於鬆散。煮的時間要視蹄膀大小而定。

樟茶鴨

這道菜也是四川名菜，用樟木屑與茶葉作燻料，取其香味，故名樟茶鴨。本菜宜熱食，吃的時候可聞到燻料的香味，所謂齒頰留芳。待其冷卻，則香味消失，也少了好味道。

食材取淨重約兩斤的鴨一隻，鹽、花椒、硝各少許，木屑、米、茶葉、糖各少許（燻鴨用），油兩斤，麻繩一截。

先在鍋中加入鹽、花椒以大火炒香後，拌入硝粉中，當作抹料，抹遍鴨身內外，醃約二、三個小時（醃至一半時，翻身一次），取出後，用繩子紮住鴨頸，懸掛在通風處，吹至風乾。

鴨子風乾後，取一個乾的大鍋子，鍋底放木屑、米、茶葉、糖等燻料，上架一層鐵絲網，網上放鴨子，蓋好鍋蓋後，用大火燒至燻料生煙，將鴨皮燻至淡黃色即可。

把燻好的鴨子放在蒸籠內，用沸水大火蒸約二十分鐘，約八成熟後取出。

接著在炒鍋中加入油，至油沸時放入鴨子炸至金黃色，撈出後趁熱切成半吋長、五分寬的條狀裝盤，即可送上桌。

醃鴨時加硝粉的目的在使鴨肉變紅，更顯美觀。但硝粉不可用太多，否則恐使鴨肉被腐蝕。而且，鴨子進籠蒸的時間也不可過久，否則皮肉與骨頭分離，炸後剁不成塊，有失美觀。

魚香茄子

這道菜的辣味可隨自己的口味增減，但油料不可太少，以免口感乾澀。茄子宜選用長條形，飽滿、結實者為上。

材料

茄子	一斤半
辣椒醬	一湯匙
蒜泥	一茶匙
鹽	一茶匙
砂糖	一茶匙
烏醋	一湯匙
蔥花	兩湯匙
太白粉	一茶匙
油	半碗

做法

1 茄子去皮及頭、尾，切成三吋長一段，每段再縱切成八小條。

2 鍋中加油燒熱，放入茄子用大火炸至脫水呈黃色後撈出。倒出剩餘的油，但在鍋內留一湯匙油，先下辣椒醬炒散，再加入蒜泥，倒入茄子，並加鹽、糖、醋、蔥花一起炒，最後用太白粉加水勾芡後，即可盛起。

魚香肉絲

魚香肉絲也是四川名菜之一。由於四川地處內陸，魚類稀少，肉絲前面加「魚香」兩字，只是把菜名點綴得新奇一點而已，其實與「魚」毫無關係。

這道菜普遍受歡迎，不僅因適合大眾口味，菜中有紅色（辣椒油）、黑色（木耳屑）、白色（地瓜屑）、青色（蔥末）、黃色（薑末）、奶油色（蒜末）與肉色（肉絲）等七色競豔，十分美麗，既開胃也賞心悅目，家常與宴客經濟又實惠。

當初發明這道菜的人實有其獨到之處，肯定是位有藝術天才的人。我很愛吃魚香肉絲，但是現在餐館裡的菜單上雖有這道菜，端出來的卻不是那種記憶中的味道了。

中國烹飪是一種藝術，而隨著時光流轉，中國人食的文化漸漸被遺忘，十分可惜。

材料

豬裡脊肉	十兩
地瓜	一兩
木耳	兩錢
醬油	一茶匙
鹽	少許
烏醋	兩茶匙
砂糖	一茶匙
酒	少許
太白粉	半茶匙
豆瓣醬	一湯匙
蔥花	兩湯匙
薑末	一湯匙
蒜末	兩茶匙
辣椒油	兩湯匙
清水	少許
油	半碗

●肉絲醃料（做法1）：鹽、酒、太白粉、清水各少許

做法

1 裡脊肉洗淨切絲，拌入鹽、酒、太白粉、清水各少許醃漬片刻。

2 地瓜、木耳切成米粒狀細屑。

3 準備綜合調味料：將醬油、鹽、醋、糖和酒放入一個小碗中，加入太白粉與少許清水拌勻備用。

4 炒鍋置大火上燒熱後加入油，先炒做法1的醃漬肉絲，待肉絲分條時，加入豆瓣醬炒勻，再放入地瓜屑、木耳屑同炒，接著放入蔥花、薑、蒜末，炒勻後淋上做法3的綜合調味料及辣椒油，即可盛起。

地瓜

麻婆豆腐

舊時四川成都北門外，有位姓陳的太太，大家因為她臉上有麻子，所以叫她「麻婆」。因家境貧寒，善烹調的她在街邊簷下擺攤，烹煮麻辣豆腐賣給工人吃，由於價廉物美，漸漸獲得許多人的讚美，一個傳一個，麻辣豆腐聲名大噪，被大家稱為「麻婆豆腐」。民國九十年四月，我隨旅行團去四川成都，詢問導遊那麻婆豆腐的店開在哪裡？他指給我們看，是在一條胡同口與馬路交接的角上，店面小小的，現在已由攤子變成小吃店了。可惜，當時我們忙著去都江堰、九寨溝觀光，沒有時間去品嚐道地的「麻婆豆腐」。

約在五十年前，立法委員梅恕曾（字心如）於台北永康街附近開設「心園」餐館，他是四川成都人，著名的四川「姑姑筵」創辦人即為他的親戚。梅先生很懂吃，更懂得烹調，心園的廚師都由他自己訓練調教，做出來的川菜口味道地，別家餐館吃不到。當時，梅委員、我與另一位宗親共同創辦了「中華烹飪學苑」，禮聘當時各家知名飯店大廚親授，我曾向梅先生請教川菜的做法，承蒙他教了我幾手，用來宴客或平日的家常菜，都很受好評。

材料

豆腐	六塊
豬肉末（半肥半瘦）	六兩
辣豆瓣醬	一湯匙
鹽	一茶匙
醬油	一匙
蔥末	兩湯匙
花椒粉	少許
太白粉	少許
高湯（或清水）	半飯碗
油	半碗

做法

1 將豆腐切成小塊。

2 炒鍋燒熱後加入油，待油熱時放下肉末，加入辣豆瓣醬炒勻，再加入鹽、醬油、高湯（或清水），放入豆腐塊，然後蓋鍋用小火煮十分鐘。

3 揭開鍋蓋，加入蔥末炒勻，再用太白粉調水勾芡，煮開後便可盛盤，撒上少許花椒粉即大功告成。

梅奶奶的美味叮嚀

豆腐是物美價廉又營養的食品，加少許肉末、辣椒醬，紅、白相間，又有綠色蔥花點綴，可謂色、香、味俱全。家常宴客兩相宜，經濟實惠，而且四季均適合。

紅燒獅子頭

獅子頭除紅燒以外，還可用清燉的，完全不用醬油，免除了油炸的手續。肉丸子做好後，浸放在砂鍋內用油炒過的大白菜上，以小火燉煮，稱為「清燉獅子頭」，味道清淡而少油膩。

材料 🍅

豬腿肉	一斤
五花腿肉	一斤
肉皮	三大塊
山東大白菜	一顆
胡椒粉	一茶匙
醬油	四湯匙
酒	兩湯匙
鹽	四茶匙
鴨蛋	兩枚
蔥	兩根（切花）
砂糖	兩茶匙
太白粉	一湯匙
生薑	數片
八角	數粒
炸油	兩碗

做法 🌿

1 腿肉與五花肉絞碎至中等程度。

2 絞肉中撒胡椒粉去除肉的腥味。

3 在絞肉中加入醬油兩湯匙、酒、鹽兩茶匙、蔥花、鴨蛋的蛋清兩枚，將其拌勻。另將大白菜葉一片一片切下洗淨、瀝乾，將最外面幾片大的菜葉留在一旁備用。

4 炒鍋燒熱後加入油，用中火燒熱。另將太白粉加水調勻待用。

5 將拌勻的絞肉分成八等份，用手抓出一份，淋上調勻的濕太白粉，在兩手間反覆揉搓使肉丸子表面光滑定形，輕輕放入熱油鍋中炸至金黃色。一邊做第二個丸子，一邊將已炸至金黃色的丸子翻面，稍炸即撈起，如此依序做好八個獅子頭。

6 將鍋中的炸油倒出大半，剩下的油燒熱，用大火將大白菜炒一下，煸出水分即可。

7 取大號砂鍋一只，鍋底墊以肉皮，以保護白菜被燒焦。將炒過的大白菜放入擺平。將炸好的獅子頭排列在菜面上，把留在一旁備用的大片白菜葉鋪蓋在上面。

8 加入醬油兩湯匙、鹽兩茶匙、砂糖、薑片、八角和酒兩湯匙（以酒代水）後蓋上鍋蓋。先開中火，待煮沸後改用小火慢慢燉煮，約三、五個小時後便可煮成。

雙手手心反覆揉搓，使肉丸子表面光滑定形。

梅奶奶的美味叮嚀

1. 拌肉時不可順著一個方向用力攪拌，會使絞肉起筋，做成獅子頭時變硬，有損口感。應該要自左至右拌幾下，再左、右、前、後對拌數下，使肉變鬆，燉熟的獅子頭才會酥軟可口。

2. 做獅子頭時，還可加入蟹粉或蝦仁，其比例為豬絞肉的三分之一即可，加入海鮮的肉丸子，外觀並無不同，吃來卻另有一番風味。

鑲萬年青

當我第一次吃到「鑲萬年青」這道菜時，不禁震驚了一下，因為它不但外表別緻，狀似盆栽萬年青，而且清淡美味，如用作宴席大菜，一定會受客人的稱讚。可惜這道名貴的川揚菜，我只嚐到一次，再沒有見到過了。

材料

青菜心（可用青江菜或白菜心）
⋯⋯⋯⋯⋯⋯⋯⋯⋯⋯⋯⋯⋯⋯⋯⋯⋯⋯⋯⋯⋯八至十顆
火腿絲⋯⋯⋯⋯⋯⋯⋯⋯⋯⋯⋯⋯⋯⋯⋯⋯⋯⋯⋯⋯小半碗
乾香菇⋯⋯⋯⋯⋯⋯⋯⋯⋯⋯⋯⋯⋯⋯⋯⋯⋯⋯⋯三、四個
干貝⋯⋯⋯⋯⋯⋯⋯⋯⋯⋯⋯⋯⋯⋯⋯⋯⋯⋯⋯⋯三、四個
雞蛋的蛋清⋯⋯⋯⋯⋯⋯⋯⋯⋯⋯⋯⋯⋯⋯⋯⋯⋯⋯四個
玉米粉⋯⋯⋯⋯⋯⋯⋯⋯⋯⋯⋯⋯⋯⋯⋯⋯⋯⋯兩湯匙半
鹽⋯⋯⋯⋯⋯⋯⋯⋯⋯⋯⋯⋯⋯⋯⋯⋯⋯⋯⋯⋯一茶匙半
太白粉⋯⋯⋯⋯⋯⋯⋯⋯⋯⋯⋯⋯⋯⋯⋯⋯⋯⋯⋯一茶匙
高湯（或清水）⋯⋯⋯⋯⋯⋯⋯⋯⋯⋯⋯⋯⋯⋯⋯一大碗
油⋯⋯⋯⋯⋯⋯⋯⋯⋯⋯⋯⋯⋯⋯⋯⋯⋯⋯⋯⋯⋯一碗

做法

1 青菜去掉老葉，僅用菜心，洗淨後將菜頭削尖，菜葉向中央左右各切一刀，成鳳尾狀。菜心中間劃開，但不可切斷。

2 火腿切絲，乾香菇以水泡發後切絲，干貝加少許水蒸軟後撕成絲。

3 四個蛋清打散成泡沫狀，加玉米粉拌勻。

4 在菜心中間夾入少許三絲（火腿、泡發香菇、干貝），菜頭上沾做法3的蛋清糊，一同放入溫熱的油鍋中炸熟後撈出。

5 將炸過的菜心放入淨鍋中，加高湯（或清水）平至菜面，用大火煮沸，接著改以中火燒至青菜軟熟，下鹽調味，再用杓子輕輕將菜心推入圓盤中排好，淋下調水的太白粉勾芡，至湯汁稠稀適中時，即可送上餐桌食用。

將菜葉向中央左右各切一刀，成鳳尾狀。

菜心中間劃開，但不可切斷。

梅奶奶的美味叮嚀

1. 這道菜以青色菜葉為主，放入油鍋內炸時火不可大，宜用小火，青葉如被炸枯或變黃，則「萬年青」三字便名不副實了。
2. 菜頭因沾了蛋清糊，油炸後潔白凝固，上為青菜葉，形似盆栽萬年青，玲瓏別緻，美味兼具。

宮保雞丁

宮保雞丁這道名菜的由來是清朝慈禧太后問政時，有位貴州人丁寶楨平苗亂有功，受封為「宮保」。「宮保」為清朝太子的師傅之一，是用以加封名將功臣的榮銜。

丁寶楨出任四川總督時，嗜食辣味，尤愛四川「辣椒炒雞丁」一菜。當地人為了尊敬這位總督，便以「宮保雞丁」譽稱。

這道菜所用的材料簡單，做法也容易，用來宴客或家常兩相宜。

材料

雞胸肉	兩塊或三塊
乾的紅辣椒	六、七支
鹽	少許
酒	半茶匙
醬油	一至二湯匙
烏醋	一茶匙
砂糖	一茶匙
太白粉	一湯匙半
清水	少許
沙拉油	四湯匙

●雞丁醃料（做法2）：鹽一茶匙、酒一湯匙、醬油三湯匙、太白粉一小匙、清水少許

做法

1 雞胸肉洗淨，用刀背拍一遍，每一塊縱切成三條，再分切成拇指大小的雞丁。

2 雞丁中加入鹽、酒、醬油、太白粉、清水各少許拌勻，醃漬片刻。

3 乾的紅辣椒洗淨，用乾毛巾或紙吸乾水分，每支縱切成兩段。

4 準備綜合調味料：將鹽、酒、醬油、醋、糖及太白粉放入一個小碗內，加少許清水調勻備用。

5 將炒鍋置於大火上，鍋熱後注入沙拉油，油熱時放下乾辣椒段，等乾辣椒顏色變黑，即倒入做法2的醃漬雞丁，用鏟翻炒，當雞丁變白色時，將多餘的油倒出，淋上做法4備妥的綜合調味料炒勻，即可盛盤。

梅奶奶的美味叮嚀

1. 這道菜必須用大火炒，在三分鐘內完成，過久則雞肉不滑嫩。
2. 必須用乾辣椒，否則炒不黑，也不會嗆辣，辣椒數量可隨意增減。
3. 烹調好的雞肉為粉白色，襯以黑色辣椒，色澤分明，雞丁中雖有辣椒香味，其實並不太辣。如盛入白瓷盤中，更添賞心悅目。
4. 有的人會在起鍋前放一小撮花生米，增加香味。

陳皮牛肉

這道菜為四川菜中的下酒菜，味似辣牛肉乾，卻更帶有醬香與夠味的麻、辣，口感富嚼勁，又有新鮮牛肉才有的彈性，與三五好友把酒言歡時，來一盤陳皮牛肉，充滿了豪邁的情趣。

材料

牛裡脊肉⋯⋯⋯⋯⋯⋯⋯⋯⋯一斤
辣豆瓣醬⋯⋯⋯⋯⋯⋯⋯⋯一茶匙
乾的紅辣椒⋯⋯⋯⋯⋯⋯五、六個
花椒粒⋯⋯⋯⋯⋯⋯⋯⋯半茶匙
陳皮⋯⋯⋯⋯⋯⋯⋯⋯⋯⋯六片
薑末、蒜末⋯⋯⋯⋯⋯⋯各一茶匙
鹽、白砂糖、麻油、料酒⋯⋯少許
醬油⋯⋯⋯⋯⋯⋯⋯⋯⋯一湯匙
烏醋⋯⋯⋯⋯⋯⋯⋯⋯⋯一茶匙
高湯（或清水）⋯⋯⋯⋯⋯半碗
油⋯⋯⋯⋯⋯⋯⋯⋯⋯⋯⋯兩碗

● 另備油：兩湯匙
● 牛肉片醃料（做法1）：鹽、酒、醬油各少許

做法

1 牛裡脊肉洗淨、切薄片，用少許鹽、酒及醬油醃漬片刻。

2 乾辣椒去籽，切成小段。

3 油入鍋燒至六、七分熱，放入牛肉片，用中火炸出肉內水分，入鍋後須不停翻動，待七、八分鐘後肉漸變黑色即可撈出，倒出餘油。

4 淨鍋燒熱後加兩湯匙油，接著端鍋離火，加入辣豆瓣醬一茶匙、乾辣椒段、花椒粒，再把鍋子放回爐上，用中火煸炒至香辣味溢出並呈黑色，再放入陳皮拌炒數下，然後倒入做法3炸過的牛肉片與薑末、蒜末一起炒勻，加鹽、白砂糖、醬油和半碗高湯（或清水）燜煮片刻，使其入味。

5 待湯汁快乾時，淋上少許麻油與一茶匙醋，拌炒幾下即可盛起。

陳皮

梅奶奶的
美味叮嚀

1. 配料中的辣豆瓣醬與乾辣椒，可視個人嗜辣程度而酌予增減。
2. 辣豆瓣醬須在油中炒過去除內部水分，並可減少酸味。一般川菜館中炒一斤牛肉，只加一茶匙辣豆瓣醬即可。
3. 陳皮牛肉需稍帶滷汁才可口，陳皮不可放得太早，否則會出苦味。
4. 醋用以提味，但必須在起鍋前放入，才能保存香味與效果。

螞蟻上樹

螞蟻上樹為四川名菜，適宜用作下飯菜。這個名字很有巧思，將肉末炒得久一點，至一粒粒可以豎起，不僅入口有味，且粘在粉絲上亦形同螞蟻，故取名為「螞蟻上樹」。

材料

細的乾粉絲	兩包
肉末（牛、羊、豬肉均可，半肥半瘦）	半斤
辣豆瓣醬	一湯匙
酒	一湯匙
鹽	兩茶匙
烏醋	少許
蒜末、薑末、蔥花	少許
清水	少許
油	四湯匙

做法

1 乾粉絲用水泡脹之後，撈出，瀝乾水分。

2 鍋中加油燒熱，先下肉末炒散呈黃色後，再加辣豆瓣醬炒勻，放入蒜末與薑末，並加清水少許，隨即放入粉絲，加酒、鹽炒勻並待湯汁煮沸。

3 起鍋前淋上少許醋，再撒入蔥花拌開，即可盛盤。

←辣豆瓣醬　粉絲↗

梅奶奶的美味叮嚀

醋必須在起鍋前放入，否則會失去香味。

翡翠豌豆

這道菜可作筵席冷盤、家常小食，宜酒宜飯，老少咸宜。新鮮豌豆粒粒晶瑩、碧綠如翠玉，故名。

材料

青豌豆⋯⋯⋯⋯⋯⋯⋯⋯⋯⋯一斤
鹽⋯⋯⋯⋯⋯⋯⋯⋯⋯⋯⋯一茶匙
麻油或辣椒油⋯⋯⋯⋯⋯⋯少許
熱油⋯⋯⋯⋯⋯⋯⋯⋯⋯⋯半鍋

青豌豆

做法

1 青豌豆洗淨，以淨布吸乾水分後，用刀在每顆豆子上輕輕劃一道裂口。

2 以大火將半鍋油燒至極熱後倒入豆子，稍一翻動，豆皮即全部脫落浮上油面，用漏杓撈出豆皮丟棄。

3 將鍋內的豆子繼續翻動至全部浮在油面，即可撈出裝盤。趁熱拌鹽調味，再淋上麻油或辣椒油均可。

在豆子上輕輕劃出一道裂口。

梅奶奶的美味叮嚀

1.青豆須挑選老嫩適中的，否則咬不動或是炸過之後豆米縮小，就撈不起來了。

2.火小或油少時，豌豆不易炸脆，反成粉豆，顏色亦不佳，有失雙「脆」、「翠」之雅。

福建菜

　　小時候，家裡的廚師胡來貴是福建省人。他年輕的時候在祖父的軍營裡當伙夫，能烹調幾道別具閩侯地方風味的可口佳餚，所以當祖父退休時，便把他帶離軍營，僱用在家裡，專職照顧老人家的飲食。忠心的胡來貴不但做菜手藝好，為人也進退有度，甚得家人的喜愛。

　　有時候，家裡臨時多來了幾位訪客，父親便會向祖父借調胡來貴幫忙做幾道佳餚，為自家的廚子助陣，我們也因此有機會品嘗到他的料理。

　　胡來貴的福建菜以海鮮為主，不像上海、寧波的菜色偏重濃油赤醬的重口味。福建菜較清淡，以呈現或保留食材原味為主，無論炒或蒸，福建菜的烹調手法皆非常注重刀工與火候的掌控，且常用紅糟作為調味，例如以淺色醬油烹調的紅糟炒青蟹。

　　胡來貴的福建菜，展現出比蘇杭菜色毫不遜色的技法與巧思。有時，他也會做一些福州甜點讓我們大飽口福，如芋泥、點心捲煎等，至今仍然是我的最愛。

紅糟炒青蟹

　　蟹性頗寒，入菜時最好多加薑、酒，一來可去除腥味，二來有助於去寒性，以防食後不適。

　　取青蟹兩隻（約一斤左右），紅糟兩湯匙，雞蛋兩個，薑汁一湯匙，酒、鹽、淺色醬油適量，蔥段少許，油兩湯匙。

　　將青蟹洗刷乾淨後，斬去腳尖，揭去背蓋及肚臍蓋，挖盡

蟹肺，再次洗淨。接著自正中分切為二，再將每一半橫切為二。

　　油鍋燒熱，放下紅糟爆香後，倒入蟹塊炒勻，再加薑汁、酒、鹽、淺色醬油調味，注入清水半杓後，蓋鍋用小火燜煮。

　　煮約三、四分鐘後，蟹已熟，湯汁也漸濃縮。此時將雞蛋打散，淋在螃蟹上，再放入蔥段炒勻後即可起鍋。

福建肉鬆

　　小時候我最愛吃肉鬆，肉鬆有兩種口味，一種是雞肉鬆，一種是豬肉鬆。豬肉鬆也分為兩種，一種是普通的做法，另一種是福建人的做法，裝肉鬆的鐵皮罐子包裝上會註明「福建肉鬆」。這兩種肉鬆我都常吃，但是我最愛的還是「福建肉鬆」，因為雞鬆纖維很長，吃起來容易卡在牙縫裡。

　　普通做法的肉鬆，味道不甚可口。而福建肉鬆入口鬆脆，用來下粥、夾燒餅、搭配饅頭均適宜。家裡買肉鬆（福建肉鬆）時，常常一買就是半打。

　　自己在家做福建肉鬆，可備豬後腿肉三、四斤，生薑一大塊，薑末兩湯匙，紅糟一湯匙，鹽半茶匙，白糖一茶匙，酒適量，清水三大碗，油兩湯匙（豬油或植物油均可，但加豬油較香）。另備食油一碗。

　　先洗淨豬後腿肉，去皮及肥肉、筋等，切成大塊後放入鍋內，加入清水、生薑、酒，不要蓋鍋蓋，先用大火煮沸，接著改用文火燉約數小時至酥爛。

　　炒鍋以中火加熱，放入油，炒紅糟、薑末，並加鹽與糖，再倒入煮好的肉，稍煮即淋上少許的酒，並把火改小，用文火慢慢將肉內的水分烤乾，一面用鏟子翻動，一面用筷子挑散，遇有剩餘的肥肉或筋即夾出剔除。

　　炒約一小時，見水分快乾、肉的纖維已鬆散，即可逐漸加入食油，再繼續翻炒，至肉鬆沾勻油分而散出香味時，即可盛出平攤在大盤內，待涼後再放入瓶中保存。

芋泥

芋泥上除了此處所用的撒黑芝麻粉與核桃末以外，尚可有多種變化，如：用紅棗切絲，在入蒸籠以前排成字或圖案，也可用葡萄乾擺成花樣。又如：以紅豆沙或綠豆沙作餡心，置于芋泥中心，既美觀又可口。

材料

大芋頭	一斤
白砂糖	半斤
黑芝麻或核桃末	半湯匙
食油	大半碗

做法

1 大芋頭去皮後洗淨，切成約一吋厚的大片，放入鋪有薄布的蒸籠內，蓋上籠蓋，以大火蒸至芋頭酥爛。取出後，趁熱用擀麵棍壓成細泥備用。

2 炒鍋燒熱，注入油料，油熱後，倒入芋泥以中火翻炒，直至油全部滲入芋泥中，再加入白砂糖炒勻，接著盛入大碗中，送入蒸籠，用大火蒸約一小時。

3 臨上桌之前，將芋泥盛出，撒上一層黑芝麻或核桃末，即成一道可口的甜點。

←芋頭　黑芝麻↗

梅姑姑的美味叮嚀

1. 做芋泥須選購紅芋，因白芋不易酥爛，無法壓成細泥。
2. 炒芋泥時應注意事項：
   ・須先下芋泥，炒至油滲入後再加糖，否則會成稀漿狀，炒不乾。
   ・不可用大火炒，底層易焦。
   ・炒好的芋泥，送入蒸籠中蒸越久越好吃。

點心捲煎

香香脆脆的點心捲煎，熱熱地上桌，大人小孩都愛吃。

材料

糯米	一斤
豆腐皮	三張
紅豆沙	四兩
砂糖	三兩
油	四湯匙

●另以中筋麵粉一湯匙加少許水調成麵糊，待做法3備用

做法2.將豆腐皮切成長方形。

做法3.在豆腐皮上平鋪約一吋厚的糯米飯，再薄鋪一層紅豆沙。

續做法3.如同捲壽司方式捲成長條形。

封口完成了。

做法

1 糯米洗淨、浸泡二小時，接著送入蒸籠，蒸熟後取出，在炒鍋中用兩湯匙油加白砂糖炒至融合，放涼備用。

2 豆腐皮先用濕毛巾包著，使其受潮變軟後，切成長方形。

3 在豆腐皮上平鋪約一吋厚的糯米飯，在糯米飯上鋪一層稍薄的紅豆沙，如同捲壽司方式捲成長條形，抹上少許麵糊封口，如此依序完成所有豆腐皮捲。

4 用一湯匙油，在炒鍋內燒至溫熱，接著放下豆腐皮捲，邊以小火煎，邊轉動鍋子慢慢煎成兩面金黃色。在煎的過程中，不時淋下少許油，以防表面乾枯。

5 煎至金黃色後，取出稍放涼，切成約兩吋長斜塊，排入盤中，即可送上餐桌。

點心毛梨羹

這是一道清涼的點心,做法也不複雜,入口唇齒留香,令人回味無窮。

材料

荸薺	六個
白砂糖	二兩
綠豆粉	四兩
黑芝麻	一兩
紅棗	一、二個
清水	兩碗半(飯碗)
油	少許

做法

1 黑芝麻洗淨、炒熟。紅棗切碎。

2 荸薺削皮切絲,在沸水中撈過。

3 將白砂糖、綠豆粉和清水倒在大碗內拌勻,再將荸薺絲倒入拌勻。

4 淨鍋燒熱,倒入做法3調勻的材料,用杓子不停推動至呈薄糊狀。再倒在已抹上少許油的模子中蒸熟,但要注意保持嫩度,不要蒸得太老。

5 撒上黑芝麻與紅棗作點綴。放涼後,送入冰箱冷藏,要吃之前取出,切塊裝盤即成。

白炒螺片

這道菜的配料中有黃（筍子）、青（青椒）、綠（芥菜心）、黑（香菇）、紅（胡蘿蔔）
等五種顏色，上桌時賞心悅目，是一道色、香、味俱全的宴客佳餚。

材料

螺肉	四兩
芥菜莖	數支
青椒	一個
胡蘿蔔、筍子	少許
乾香菇	三、四個
蔥花、薑末	少許
鹼粉	半茶匙
油	兩湯匙

●綜合調味料（做法3）：鹽一茶匙，
砂糖一茶匙，酒少許，麻油，濕太白
粉一茶匙，清水少許

做法

1 螺肉切成薄片，用鹼水（半茶匙鹼
粉加三碗水）浸泡片刻，洗淨之後以
沸水中汆燙過，撈出備用。

2 芥菜莖去皮，與青椒、胡蘿蔔、筍
子等都切成兩吋長塊狀，香菇泡發、
切片，在沸水中燙過、撈出。

3 淨鍋燒熱後加入油，用大火先炒過
燙好的配料，再下螺片，然後把綜合
調味料倒入，端起鍋抖勻滷汁後，撒
上蔥花、薑末，即可盛出。

五柳居

這道菜要以活魚料理才夠鮮美。
魚邊加麵條，稱為「五柳居」。不加麵條，則稱為「溜草魚」或「溜鯉魚」。

材料

活草魚（或活鯉魚）
————————一條（約一斤四兩重）
麵條......................................一把
胡椒粉....................................少許
蔥花、紅辣椒末、蒜末、薑末、胡蘿
蔔丁......................................少許
鹽......................................半茶匙
濕太白粉................................一湯匙
油......................................七湯匙

做法

1 將魚洗淨，自腹部剖至尾部，攤開平放。

2 清水一鍋煮沸，接著放入魚，使魚頭與魚尾均浸沒水中，蓋鍋煮約十分鐘後，用筷子試插魚鰓附近（靠近魚背處），如一插即入時即可撈出，放在盤子的一邊，撒些胡椒粉在魚上。

3 煮魚的同時，用清水把麵煮熟，放在盤子的另一邊。

4 鍋中加油兩湯匙，將蔥花、紅辣椒末、蒜末、薑末和胡蘿蔔丁拌炒均勻，接著倒入鹽、濕太白粉，再加入熱油五湯匙鏟勻，將滷汁淋在魚身與麵上，即可送上餐桌。

鯉魚

梅切切的
美味叮嚀

本菜另一參考做法：先用薑汁與鹽塗在魚身上，入蒸籠蒸熟。清湯、白麵，味道也不錯。但是需注意，魚入蒸籠前，水必須先燒開，以保持熱度。

湖南菜

　　生長在浙江的我，與相距甚遠的湖南人結婚，我們在生活習慣、飲食文化上，都有很大的差異。

　　當時，江浙一帶的人自視甚高，稱湖南人為「蠻子」，意思是比較落後與粗野的地方。但我既然有勇氣與這個「蠻子」結婚，也只好去努力適應了。

　　民國三十七年，我和外子在南京結婚後，返鄉拜見公婆，一路顛簸，又是騎馬又是乘轎子，回到了新婚夫婿湖南的家，這裡靠近岳陽樓的洞庭湖畔，是典型的魚米之鄉。

　　熱情的湖南人吃飯用大碗、吃肉切大塊，連用的筷子都比別的地方長，飲食卻是十足的鄉土味：從自家種的蔬菜到自己養的豬雞家畜，除了供給一家人生活所需，再把這些新鮮的物產用曬乾、醃製、燻臘等手法保存起來，調味的醬油、臘八豆、辣椒醬等也都完全自製。湖南人勤奮節儉的生活，使得湘菜產生了特別豐富的滋味，湖南鄉下經常吃的家常菜，也是住在大城市裡的人沒有機會嚐到的。

醃製菜

臘肉

　　在大陸，每到冬至時節，天氣寒冷，家家都忙著醃製臘肉、灌香腸，準備年事。

　　醃肉每個地方都有，買回豬肉，把花椒、鹽炒熱，在肉上

用力擦遍，放在盆子裡，上面壓以重物，三、四天後翻轉一次，一星期後拿出來，在陽光下曬幾天，等全都乾了才可收藏起來。

這是普通的醃鹹肉。切一塊在電鍋蒸熟後，切片即可取食，也可切片與蔬菜同炒。

湖南臘肉則獨樹一幟，受到普羅大眾的歡迎。

湖南人的臘肉，除了曬乾以外，還要加一道煙燻的功夫。在一般湖南鄉下人廚房，沒有煙囪設備，若使用木柴燒火會使滿屋子都是煙，所以他們把醃好的肉掛在廚房的天花板上（廚房的頂不高），讓煙慢慢地燻那些肉。由於燒的木柴中有松樹或其他有香味的樹枝，所以燻出來的肉色半紅，不但沒有煙燻味，而且有股香味，蒸熟了吃十分可口，比起普通醃肉，另有一種風味。

豆瓣醬

豆瓣醬可分兩種，一種是黃豆製的，一種是蠶豆製的，做法都一樣。

把一斤豆子揀去雜物後洗淨，用水浸數小時泡脹，再瀝去水分，入大鍋中加水煮至軟透，瀝出豆汁（豆汁要保留起來）。接著在淨鍋中用小火把半斤麵粉炒熱，取出與黃豆拌勻，攤在竹製匾子上晾涼後，蓋上淨布或紙張放在陰暗不通風處發酵三、四天。發酵好後，放在日光下曬乾、搓散，放入大口的缸裡。

另把豆汁煮沸後加兩碗鹽，冷卻以後倒入豆子中（豆汁若不夠的話，可以加冷開水），缸口用布包紮住，把缸子放在院子裡，日曬夜露，每天攪拌兩次到三次，幾個星期以後醬色便出來了，也會嗅到醬的香味。

若以黃豆做的豆瓣醬，可另製成原汁醬油：取一大鍋，放入一部分豆瓣醬，加水煮沸後濾去豆渣即成。麵粉與豆子的比例為三比二。而一斤麵粉或豆，至少加一碗鹽，鹽多無妨，少則變酸易壞。至於水，因受天氣乾燥潮濕影響，很難有固定數量，以逐漸加入為宜。

甜麵醬

先把八個白饅頭切成小塊，灑些冷開水使其溫潤易於發酵。接著把饅頭塊弄散開，放在竹籮筐中，上鋪清潔的紗布，放在溫暖幽暗的房內，靜待發酵。

發酵完成後稍加日曬，再將乾饅頭磨碎成粉，放在大缸內，倒入事先準備好的冷鹽水（以一大碗冷開水調成），要漫過饅頭粉，再用紗布包住缸口，置於院子裡日曬夜露，每日攪拌兩、三次。幾星期後，缸內出現咖啡醬色，亦可聞到甜麵醬的味道，就大功告成了。

湖南豆豉

湖南人愛吃「鹹」與「辣」，所以在做菜的時候，少不了豆豉與辣椒。每到夏天，家裡都要做些豆豉，預備未來一年的調味用。

豆豉又可分為乾豆豉與濕豆豉，曬乾的就是乾豆豉，半帶汁的則是濕豆豉。在濕豆豉中加些剁碎的生薑、紅辣椒，用來配麵、下粥都很適合。

製作方法是，先把兩斤黑豆洗淨後浸水，泡二、三個小時以後見外表發脹，即可用手搓使豆皮脫落，再把豆子用水沖淨，浸在水中幾小時。然後把豆子放在大鍋中先用大火煮沸，再改用小火煮至豆子軟了便熄火，蓋鍋稍燜十幾分鐘。

把煮好的豆子倒在篩子裡，下面用盆子接豆汁留待後用。再把豆子鋪在竹製的匾子裡，蓋上潔淨的白布，置於陰暗處發酵，等三、四天以後發酵完成，便放在太陽下曬乾，曬時要用手把豆子搓散，不可結成一塊一塊的。

這時，將煮豆子時留下來的豆汁煮沸，加入紅茶熬出茶汁、去掉茶渣，再加一大碗鹽煮化後冷卻。

把曬乾的豆子倒入陶土做的大口甕罎中，加入鹽茶水，甕口用布包紮好，放在院子裡，日曬夜露，每天早晚兩次開罎攪

動，這樣連曬幾個星期，待香味四溢時便可濾出滷汁，將豆子曬乾即成豆豉。至於滷汁經過濾、煮沸後裝入瓶中，則是一瓶再好不過的原汁醬油。

灌香腸

灌香腸也有不同口味，廣東香腸帶有甜味，很多人喜歡吃。在我的家鄉安徽滁縣，香腸的調味料各有不同，所以家人喜歡自己動手調製習慣的口味。

我們習慣的做法是，先把豬腿肉切去肉皮，將肥、瘦肉皆切成拇指大的肉丁，加入調味料如下：鹽（每一斤肉加一湯匙）、醬油（每一斤肉加四、五湯匙）、胡椒粉一茶匙、高粱酒四～五湯匙、砂糖少許，用手拌勻後，醃一、二個小時，灌入預備好的豬腸內，兩頭用繩子紮緊，每隔四、五吋用繩子紮一道，分成一小節一小節。然後用針在灌腸中有氣的部分扎幾針，使腸衣貼緊肉塊。

把紮好的香腸掛在竹竿上，曬在有陽光處，天氣好的話也要曬兩天到三天，等腸衣表面乾了才可收藏起來。吃之前放電鍋一蒸即可。

如嗜食辣味者，可在調味料中加入辣椒粉，份量隨自己口味。醃肉的同時，可以放一、兩對豬耳朵或豬舌頭醃在一起，蒸熟後用來下酒，非常美味。

豆腐乳

歐美人吃起士，常加在菜裡或者點心、蛋糕中，有時還當零食吃，營養美味。我們中國人也有一種極普通的食物，無論是南方人、北方人、老人或小孩都能接受，那就是用豆腐做成的豆腐乳，塗在烤麵包上還可當成「中國起士」。

以前自己做豆腐乳時，會準備一板老豆腐，切成大塊後放入沸水鍋裡煮一、二分鐘，撈出晾涼，再切成適當大小排列在竹

匾子內，上蓋潔淨白布，在陽光下曬二、三小時。接著收進來放在陰暗不通風的地方，仍舊蓋著潔淨白布，使它自然發酵。

三、四天以後，豆腐上長滿了霉，再拿到陽光下曬二、三個小時。接著把半包鹽炒熱後拌上胡椒粉，把霉好的豆腐塊在鹽上滾勻，一塊一塊地放入玻璃瓶中，最後上面撒一點鹽，把瓶子蓋緊，放在陰涼的地方。一個多星期後，待鹽溶化了浸入豆腐塊中，再加米酒至漫過豆腐塊，然後加麻油使其與空氣隔絕，蓋緊瓶蓋，再等幾星期以後，以筷子試試，豆腐若已軟化就完成了。

這還算是普通的做法，如要精細一點，可用甜酒釀或紅糟加在一層一層的豆腐塊上，製成後有酒釀和紅糟的香甜味道，經久不壞。

有喜辣味者，還可在鹽中拌些辣椒粉，放在豆腐乳罐內，即成辣腐乳，是下飯的小菜。

當豆腐乳吃完後，剩下的滷汁可以用來炒菜或蒸魚，也十分美味。

幾道常見的湖南風味

臘八豆蒸臘肉

湖南人家裡都有自家做的臘八豆和臘肉。用湯匙盛幾湯匙的臘八豆在大碗中，上面蓋上一片片的厚切臘肉，送入蒸籠或電鍋蒸熟。端上桌時，臘肉香味混合了豆子的香味，還未享用已是口水欲滴了。這道鄉野土菜，無論是配米飯或是配麵條吃都十分可口，而且是任何大、小餐館裡所吃不到的。

剝皮辣椒

選取大一點、帶辣的青辣椒，把外皮去掉，內部的辣椒籽拿盡，豆豉泡水後斬碎，同時切蒜瓣少許。先把處理好的辣椒放

在淨鍋中，用中火乾煸去掉水分，再淋入食油炒勻，加入斬碎的帶水豆豉和蒜瓣，蓋鍋燜燒幾分鐘，用鍋鏟炒勻即可盛起。

這是一道帶辣味的家鄉菜，可用來佐膳或夾燒餅吃，別有風味。

豬油渣炒豆腐渣

「豬油渣」與「豆腐渣」這兩種材料，在現代社會中已不容易見到和買到，尤其是豬油渣更不為大家接受，可是在當年湖南人家裡，這可是一道受歡迎的美食呢！先把熬完豬油的豬油渣和熬過油的鍋子放在爐火上，把油渣煎脆，將豆腐渣放入同炒，加鹽調味均勻，最後加入蔥花。於是，一道愛物惜物、頗富營養的土產菜上桌了。在餐桌上，它的受歡迎程度不亞於魚肉。

豆渣湯

豆渣湯裡所用的「豆渣」，是先經過發酵後曬乾收藏起來，食用時放在沸水鍋中煮軟，加鹽和蔥花，雖然是一種素湯，但其鮮美不亞於肉湯。對講究健康養生的現代人，絕對有幫助。

湖南米粉

「湖南米粉」與新竹米粉、埔里米粉大不相同，湖南米粉雖然也是用米磨成粉做的，但是湖南米粉做成像寬麵條，用各種澆頭煮出來，不但味道好，而且米粉吃在嘴裡滑滑的，碗裡的湯也清清的，不會發脹，變成一團。

碎豬肉豆腐丸

每到農曆十二月初，鄉下有養豬的人家都把肥豬牽出來宰殺，絕大部分的豬肉都醃成了臘肉。至於剩下的零碎豬肉，則可以剁碎後，和自製的豆腐一起做成「碎豬肉豆腐丸」。

材料

（配合一塊豆腐、一斤碎豬肉的比例準備）
雞蛋⋯⋯⋯⋯⋯⋯⋯⋯⋯⋯⋯⋯四個
鹽、胡椒粉、玉米粉⋯⋯⋯⋯各四湯匙
清水⋯⋯⋯⋯⋯⋯⋯⋯⋯⋯⋯⋯四碗

●另備清油半鍋供做法3用

左手手心抓一把豆腐碎肉泥。

左手由下往上擠出一個圓球，以右手取下。

做法

1 先將豆腐切去面與底較老的部分，再用刀身壓成細泥。

2 在碎豬肉中加入雞蛋、鹽、胡椒粉、玉米粉和清水，用力順著同一個方向攪拌約五分鐘，使其呈有黏性的膠狀。

3 淨鍋中放入清油半鍋加熱，然後改小火，接著以左手抓一把豆腐碎肉泥（或以湯匙舀），由下往上擠出圓球，右手取下丟入鍋中炸，依此方法做完所有材料。過程中要輕輕推動丸子，使其受熱均勻。

4 當丸子炸至半熟時，改用中火至全熟後撈起即成。

梅奶奶的美味叮嚀

1.丸子也可以用煮的：將半鍋清水煮沸後改小火，將丸子丟入湯鍋中同煮。過程中用杓子輕輕推動丸子，使加熱均勻。當丸子燙至半熟時，改用中火至煮熟後即可撈起。煮丸子時需用小火，因在大沸湯中，丸子在未成形之前就會碎裂開來了。

2.丸子做好之後，可以煮湯，或搭配其他材料（如海參、筍子、香菇、菜心等）燴食。也可以當成砂鍋或火鍋配料，或者紅燒後作便當菜。

米粉蒸莧菜

「米粉」即用來做粉蒸肉或粉蒸排骨的粗米粉。湖南自古以來是魚米之鄉，物產富饒，然而，湖南農村的生活卻極為簡樸，婚後隨夫返鄉時，婆婆特別做了許多大魚大肉，來歡迎我這個「城市土包子」，在飽嚐口味濃重的湖南臘肉、香腸後，清淡的米粉蒸莧菜最能開胃、解膩，半個世紀過去，這盤鄉土菜，常常讓我回想起那段親切溫馨的時光。

材料

莧菜（紅莧或綠莧均可）⋯⋯⋯⋯一把
蒸肉粉（粗粒）⋯⋯⋯⋯⋯⋯⋯一盒
大蒜⋯⋯⋯⋯⋯⋯⋯⋯⋯⋯⋯兩粒
鹽⋯⋯⋯⋯⋯⋯⋯⋯⋯⋯⋯一小匙
紅辣椒⋯⋯⋯⋯⋯⋯⋯⋯⋯⋯半條
清水⋯⋯⋯⋯⋯⋯⋯⋯⋯⋯⋯一碗

做法

1 莧菜揀好洗淨，將梗與葉摘成約兩吋長。然後將大蒜去皮切碎，下油鍋同炒。

2 鍋中稍加鹽與清水半碗，略炒後，續加入蒸肉粉，繼續翻炒至菜梗稍軟，並加入切碎紅辣椒，拌炒均勻即可離火。

3 裝入碗公內，放進電鍋中，外鍋加上小半杯清水，微蒸十分鐘後，隨即上桌。

粗粒米粉（蒸肉粉）

紅莧菜

梅奶奶的美味叮嚀

1. 不要選用太老、太粗的莧菜，以免蒸過之後，纖維會過於粗糙，口感便差。
2. 這道菜做起來簡單、不油膩，很適合素食者。若是喜好較重口味，可稍加兩匙烏醋、香油等，以增風味。

豆豉雞塊

這道菜很下飯，　質的雞肉送入口中，每每讓我們胃口大開。

材料

雞⋯⋯⋯⋯⋯⋯⋯⋯⋯⋯⋯一隻
豆豉⋯⋯⋯⋯⋯⋯⋯⋯⋯⋯適量
蒜頭⋯⋯⋯⋯⋯⋯⋯⋯⋯⋯數瓣
鹽⋯⋯⋯⋯⋯⋯⋯⋯⋯⋯一茶匙
清水⋯⋯⋯⋯⋯⋯⋯⋯⋯一飯碗
油⋯⋯⋯⋯⋯⋯⋯⋯⋯⋯四湯匙

●芡汁（做法1）：玉米粉適量，清水半飯碗，醬油少許

做法

1 雞剁成適當大小的肉塊。豆豉與蒜頭分別拍碎。調勻芡汁備用。

2 鍋中燒熱四湯匙油，先用大火炒香大蒜與豆豉，再放入雞塊、鹽、清水一碗同煮。

3 煮沸後，改以小火蓋鍋燜十分鐘，接著將芡汁慢慢淋入煮沸的豆豉雞塊中，鏟勻後即可盛起。

乾炒牛肉

乾炒牛肉是湖南人的家常菜，也是一道下酒菜。切成肉絲，須注意要切橫的，不可直切，否則炒後會咬不動。若喜好吃大片一點的肉，也可以切成牛肉片下鍋炒。

材料

牛裡脊	半斤
青辣椒、紅辣椒	各兩個
蒜頭	數瓣
深色醬油	一湯匙
鹽	一茶匙
白糖	一茶匙
酒	少許
麻油	一茶匙
油	兩湯匙

做法

1 牛裡脊洗淨、切絲，接著調勻醬油、鹽、糖、酒和麻油，把肉放入醃漬二十分鐘。

2 青、紅辣椒及蒜頭切碎。

3 淨鍋燒熱，加入油兩湯匙，待油溫熱時倒下肉絲，先用大火炒散後便立即轉成小火，不停翻炒至湯汁微乾。當牛肉熟透時，將切碎的青、紅辣椒及蒜頭倒入，炒出香味即可盛出。

梅奶奶的美味叮嚀

湖南口味人稱「不怕辣」，故使用辣椒時無論紅、綠色都以辣為首，若不能吃太辣者，可以不辣的青椒（燈籠椒或糯米椒）代替，取其香氣，並以少量紅辣椒作為點綴。

珍珠丸子

這道菜為湖北名菜，糯米蒸了之後，粒粒分明如同珍珠，故名「珍珠丸子」。
湖南與湖北雖然是鄰省，可是在菜餚的口味上卻大不相同。湖南人嗜辣，愛吃大塊的肉，調味上鹽分比較重。而湖北人不太愛辣味，做出來的菜比較細膩。湖北餐館很少，所以鮮為人知，「珍珠丸子」就是名菜之一。一般人雖然也會做珍珠丸子，但是做法與當地還是有所不同。

材料

糯米	二兩
豬夾心肉	半斤
荸薺	六個
蔥、薑	少許
鹽	一茶匙半
麻油	少許
酒	一茶匙
醬油	半湯匙
蛋清	半個
太白粉	一茶匙
生菜葉	十餘片

糯米

做法

1 糯米用剛煮沸的水泡約二小時後，取出洗淨、瀝乾，以電扇吹至半乾。

2 夾心肉先縱切成條，再切成小丁，接著剁碎。

3 荸薺削去皮後拍碎，再切成細末。蔥、薑也切成細末。

4 將肉泥、荸薺和蔥末、薑末放入大碗，再加鹽、麻油、酒、醬油、蛋清、太白粉，順同一方向拌勻後，搓成一個個銀元大小的丸子。

5 在一個大盤中放入厚厚一層糯米，把丸子分批放入盤中，輕輕搖動盤子使每顆丸子均勻裹上米粒。

6 取一盤子，在盤底鋪上一層生菜葉，將丸子放入盤內，送入蒸籠，用大火蒸約十五分鐘即成。

傅胡胡的
美味叮嚀

以糯米做肉丸子，可以有三種不同的做法：
1.簑衣丸子：糯米蒸至七、八成熟，取出晾乾後搓開，稱為「凍米」或「陰米」，用凍米所做的丸子是湖北當地的原始做法。沾裹在肉丸上蒸熟後，粒粒豎起如刺蝟狀，故又稱為簑衣丸子。
2.糯米丸子：將凍米炒熟後，做成肉丸，稱為糯米丸子。
3.珍珠丸子：生糯米用開水泡脹如本篇做法。

左公雞

相傳左忠襄公（左宗棠）當年在湖南家鄉時，嗜食辣椒炒雞塊，當他成為清廷名臣後，鄉人與有榮焉，遂將菜名改稱為「左公雞」，以示尊敬。

材料

雞（以母雞為佳）……………………半隻
（依所食份量而定）
紅辣椒……………………………………兩根
油………………………………………一大碗

●雞塊醃料（做法1）：料酒兩湯匙，醬油三湯匙，鹽一茶匙，蛋清一個，太白粉一湯匙

●綜合調味料（做法5）：醬油、烏醋各一湯匙，鹽少許，薑末、蒜末皆適量，太白粉一湯匙

做法

1 醃漬雞塊：左公雞與一般炒辣子雞丁不同之處，是要事先取出雞骨，在雞肉面上切花刀，連皮切成大塊。接著將料酒、醬油、鹽、蛋清、太白粉拌勻，讓雞塊醃漬片刻。

2 紅辣椒切成小段備用。

3 炒鍋燒熱，加入油一大碗，當油熱至八成時，放入雞塊，須用杓子推動使其炸勻。炸至外皮酥脆時撈起，瀝盡炸油備用。

4 接著將炸雞的油倒出，鍋中僅留少量的油炒辣椒段，等到辣椒味衝鼻時，加入雞塊同炒。

5 炒勻後，倒入綜合調味料，拌炒均勻，即可盛起。

左公雞要在雞肉面上切花刀。

梅奶奶的美味叮嚀

1. 這道菜的辣椒、薑、蒜，可按個人的口味隨意增減。醬油用量則需視所用醬油顏色深淺而定。

2. 注意不可用雞胸肉，因為太軟嫩了，缺少韌性，毫無口感。

梅乾菜扣肉

「梅乾菜燒肉」是江浙菜單裡常見的美味佳餚，「梅乾菜扣肉」卻是湖南、四川的名菜。雖然兩道菜所用的材料都是豬肉與梅乾菜，可是在烹調程序上卻大不相同。

梅乾菜燒肉只是一般紅燒的方法，不費太多事，所以餐館裡常有。而「梅乾菜扣肉」做起來費時、費工、費燃料，故除非辦宴席指定，否則一般餐館都不準備。現在有些餐廳廚師只能做固定的幾道海鮮味、流行菜，對傳統口味的做法似乎陌生了，實在很可惜。

材料

梅乾菜	兩支
五花肉	一斤
醬油	兩湯匙
酒	兩湯匙
冰糖	數塊
生薑	三片
蔥	兩根
八角	數粒
油	四湯匙

五花肉

做法

1 五花肉要挑選上好的，一層肥、一層瘦，約兩吋寬、四吋長。處理乾淨後放入滾水中煮，至用筷子插入肉內無血水滲出即可撈起，放入大碗內，用醬油、酒浸泡，過程中要常翻動，約浸二十分鐘後取出。

2 鍋中放入四湯匙油燒熱後，把肉皮朝下輕輕放入，炸數分鐘後翻動肉塊，使整塊肉都炸過後，撈出待涼。

3 肉放涼後切成薄片，肉皮朝碗底放入大碗內，排列整齊。

4 用少量的油將梅乾菜炒至軟時，加冰糖數塊、生薑、蔥、八角，把泡肉的醬油和酒倒入，煮開使冰糖融化後，將煮好的梅乾菜倒在肉片上。

5 把整碗梅乾扣肉放進電鍋（或蒸籠）內，電鍋外鍋須加兩杯水，蒸至電鍋跳上，稍等五至十分鐘，再加水入外鍋繼續蒸，如此蒸上二、三次，至肉酥軟即成。

梅奶奶的美味叮嚀

1. 梅乾菜須洗淨，不可有沙粒夾雜其中。將水濾淨後，將梅乾菜切成小段。

2. 上桌前小心取出，用盤子蒸在碗口上，將碗翻過來，一盤整齊、可口又香味四溢的梅乾菜扣肉就完成了。可以配白飯吃，或配刈包夾肉，其味無窮。一次做兩、三份放在冰箱裡，食前將其化凍、蒸熟即可。

蒜炒辣鴨

這道菜是四十年前在一位海軍將領府上吃到的，由他的夫人親自烹調。他們夫妻倆同是湖南籍，不問便知，自是湖南菜了。我先生也是湖南人，見辣心喜，這一餐吃得很飽足，回家以後依然齒頰留香。
這一道美味的做法並不複雜，我把它記錄下來了。

材料

鴨子	半隻
生薑	數片
酒	半飯碗
醬油	兩湯匙
鹽	兩茶匙
蒜末	兩湯匙
紅辣椒末	兩湯匙
烏醋	一湯匙
油	一飯碗

做法

1 先用清水將鴨肉煮至半熟，取出放涼後，剁成小塊（如十元硬幣般大小）。

2 炒鍋燒熱，加入一碗油，油熱後投入生薑數片，再倒入鴨肉用力炒勻。已煮成半熟的鴨肉很容易炒熟，此時淋入半碗酒，蓋鍋稍燜數分鐘，再開鍋放入醬油、鹽、蒜末、紅辣椒末等炒勻，起鍋前淋入烏醋少許，增加香味，下酒、佐膳兩宜。

鴨肉與紅辣椒

椿奶奶的美味叮嚀

1. 鴨子不宜太大，否則鴨肉太厚不易入味，炒久了，鴨肉會變老不好吃。
2. 蒜末與紅辣椒的份量可按個人喜好增減。

夏日素食

　　在寧波住久了的人，習慣清淡、爽口的素菜，尤其是在炎炎夏日、揮汗成雨的季節中，每個人都怕看到大魚大肉、油膩膩的葷菜，此時如果端上幾盤清爽的素菜，食慾立刻大增。

　　當年住在寧波時，有一家「功德林素食館」令我印象十分深刻。母親和姨奶奶（祖父的側室）每個月中有幾天吃齋，所以父親常在她們吃齋的日子，請她們去「功德林素食館」用餐，我這個小跟班當然是不會缺席的。

　　「功德林素食館」不但素菜燒得合口味，餐廳裡的佈置、裝潢和餐具也都經過精心設計。那裡環境清靜、幽雅，無絲竹之亂耳，使客人感覺是在自家的餐廳裡用餐一樣，舒適而且輕鬆。

　　「功德林素食館」所用的食料，都是從山裡採來的野生植物，譬如香菇、黃花、木耳、薺菜、筍子、山藥等，而且豆腐、豆乾、豆腐皮、千張、干絲等，都是當天早上做出來的，極為新鮮，沒有放任何添加物或防腐劑，每種食物吃在嘴裡，都有一種自然的鮮味和甜味。

　　在「功德林」的菜餚中，我最喜歡的就是烤麩、素雞、素火腿和油燜筍。他們做的素包子挺不錯，有幾道甜點心也很可口，我們吃完飯常常會打包回去給家人們吃。

　　在味精還未發明的年代，煮出來的菜，都是原味。現在，台灣的素食館往往吃不到野生的食材，都是人工種植的，缺少那種原始的鮮味。有些店家為了要使素食保有鮮味，甚至加入大量的味精，吃完後腸胃很不舒服。看來，想要享受七、八十年前的素食滋味，只能靠自己了。

變化豐富的素菜

萬年青

　　春天裡出產一種菜，名叫油菜，成熟時會開黃花，遍地黃金般，非常美麗。不妨在盛產期多買一點回家，用沸水煮軟，待涼後晾在繩子或竹竿上，於陽光下曬乾後，剪成一吋多長，放入鐵盒中保存。

　　食用時，抓一小把在大湯碗中，淋上醬油、鹽少許及麻油，用沸水沖入，此時菜汁泡脹呈青色，所以名「萬年青」，是一道清淡而有營養的素湯，搭配炒飯吃最為合宜。

　　這裡所指的炒飯，是不加油炒的飯，用小火慢慢炒，炒得焦焦香香的，別有一番風味。

醃倒篤菜

　　油菜攤在竹匾上晾乾，約需兩天時間，放在盆內用鹽搓揉，接著倒去水分，把菜塞入陶製的小瓶內，用力塞緊，上面用兩條竹篾（編竹簍用的那種細長竹片）壓住，不讓醃菜太蓬鬆。然後倒扣在一個有深度的盤子上，周邊加上水隔絕空氣進入，可以保持食物不腐壞。經過兩星期後，取出切小段拌麻油生吃，或炒肉絲作麵澆頭，味道鮮美。

醃冬瓜

　　將一個大冬瓜（要老一點的）切開，去籽後洗淨。接著在大鍋中加清水，把冬瓜切成手掌大小放入鍋裡，蓋上鍋蓋，用大火煮沸，再改用中小火燜煮十分鐘左右，用筷子試插冬瓜有肉的一面，一插快到底時，即可熄火。蓋鍋稍燜一會後，撈出冬瓜，放在盤子上涼透，用適量的鹽將每塊冬瓜都抹遍，放入容器中，蓋上蓋子，放進冰箱。三、四天後即可取出一、兩塊，淋上少許麻油即可食用。

冬瓜性清涼去火，夏天吃最相宜。有人加入醃臭豆腐或臭
莧菜的鹹滷（又稱臭露），便成臭冬瓜了。

醃莧菜莖

在六月底、七月初時，莧菜已經太老不能吃了，但莧菜莖
則可以做成醃菜。

莧菜莖長得又粗（約有甘蔗般粗）、又高（約有三呎
高），買回來洗淨，斬成二、三吋長，放在清水鍋中煮至七、八
分軟，撈出泡在冷水裡。待稍涼，洗去外面的薄皮，瀝乾水分，
用鹽搓勻，放入罈中蓋緊，半個月以後可食。

吃時只吃內面的菜心，吐出外皮。此菜名為「醃莧菜
莖」，也有人加臭露，則稱為「臭莧菜莖」。

醃冬瓜與醃莧菜莖是寧波最道地的鄉土菜，廣為一般人所
喜愛。現在大陸的超市中有賣醃好的瓶裝食品，買回來即可食
用。

芋艿羹

小芋艿頭俗稱小芋頭，將新鮮小芋頭洗淨後，放進蒸籠蒸
熟或用水煮熟均可，接著剝去皮，切成小塊。用素油炒幾下，加
鹽、醬油與清水煮沸，再改用小火燜煮。另以麵粉一大湯匙加少
許水調開，淋在芋艿上，拌勻後盛起並撒蔥花少許，即可上桌。

芋艿莖

芋艿上市後，芋艿莖也會跟著在市場出現。芋艿莖外面的
一層皮會麻口，必須要剝掉，接著將芋艿莖洗淨、切斷，用油炒
過，再加鹽和水燜煮至燒爛即可。

鹹菜豆瓣羹

鹹菜洗淨、切碎，另將蠶豆瓣去殼後蒸軟，與鹹菜同炒，

再加鹽少許與清水漫過材料。煮沸後，將調勻的麵粉糊拌入，待麵糊熟透後熄火即完成。

苔條烙花生米

苔條是一種海藻，營養豐富。買回來以後，把它撕開，花生米則去外皮備用。鍋子裡加油燒熱，先下苔條，在油鍋內弄散、烙酥，加鹽少許，再放入花生米同炒幾下，即可盛起，又香又酥，是一道別緻的佳餚。苔條烙酥後用來炒飯，也是風味絕佳的一餐。

酒糟羹

出產紹興酒的紹興縣離寧波不遠，所以製酒剩下來的酒糟隨處可買到，「酒糟羹」這道美點也就因應而生了。

每到夏日，白天時間長，下午也容易肚子餓，通常我在三點時會吃一些東西補充體力，酒糟羹就是最價廉物美的點心了。

酒糟羹的做法是這樣的：拿幾塊酒糟弄碎，放入清水鍋中煮沸，稍加攪動，放黃砂糖調味。同一時間，在另一鍋中煮小湯圓，煮熟後撈入酒糟中稍煮，即可食用。記得煮酒糟羹時水不可放太多，否則就不成為羹了。

四季吃好筍

小時候，我最愛吃筍，每餐必定要見到筍，姨奶奶常對我說：「孩子啊！筍子不能多吃，吃多了會傷胃，會刮你身上的油。」但是趁姨奶奶不注意的時候，我又偷偷夾上幾塊放入口中，因為那是我的最愛啊！以現代人的知識來說，筍子含有豐富的纖維，對身體有益。

寧波四周名山環繞，山上有各種不同的竹子，所以一年四季都有新鮮的竹筍可以吃。

春季時，有「毛筍」，毛竹粗而且高，所產的毛筍也粗大，小顆有五、六吋長，大顆的可達一呎五、六吋。盛產時期，有山地出產筍的人家，用竹筐一籮一籮地往市區裡運，價格相當便宜，一塊銀洋可以買到幾籮，在抗戰以前，銀洋是很值錢的！

　　毛筍的食法可以分幾種：

　　一、剝去外殼，切成數片，放在清水鍋中，加入醬油，蓋上鍋蓋煮沸，改用小火燜煮半小時以上。接著撈出筍子，等到涼後，用大針穿一條棉線，把筍子一塊一塊地掛在棉線上，纏在竹竿上，連曬幾天使其乾透，再放入大鐵盒內儲存。

　　食用前，將筍乾略洗，放入大碗中，加入醬油數湯匙，放在蒸籠內蒸十分鐘，取出待涼後撕成一條一條的，可以配粥、加麵、拌飯、沾饅頭，尤為可口。

　　毛筍還可以切成絲，加醬油、黃豆或花生米同煮，煮熟後曬乾儲藏，食前可與筍乾同樣蒸軟進食。

　　二、用水煮過之後，撈出放在器皿中，蓋上蓋子，使其發酵變為酸筍，食前用油炒熟，含有酸味，是一道不錯的開胃菜。

　　三、選筍子嫩的部分，用來做紅燒肉或紅燒雞，或者剁碎拌在碎肉中，做成包子或餃子餡，也是十分可口。

　　四、挑大顆的筍子從中間剖開，用鹽醃兩天後，去掉水分，以大石頭壓平，幾天後取出曬乾，便是市場上所賣的「玉蘭片」了。

　　毛筍肉可以做成菜，毛筍殼也有利用的價值。挑大的筍殼一張一張疊起來，上面用重物壓住，幾天以後取出來攤開曬乾，一個一個地收起來，以備後用。

　　筍殼有四種用法：

　　一、撕成一條一條的，搓起來做草鞋，是鄉下人晴雨兩用的鞋子。

　　二、端午節時用來包粽子。

　　三、作賣魚、賣肉的包裝用途。

四、做成斗笠防雨、防曬，經濟又實惠，用現代人的角度來看，是廢物利用，解決了部分的環保問題。

春末夏初，大約在端午節前的時候，長長細條的「烏筍」上市了。烏筍的殼沒有什麼用處，肉則比毛筍要細嫩些，一般人除了拿來炒著吃或燒肉吃，常用來做筍乾，平時可以煨湯用。油燜筍便是用烏筍做的。

夏季出產的叫「邊筍」，只有五、六吋長，切滾刀用來燒肉或做油燜筍吃，也可以燉湯加點醬油、麻油，符合素食者的口味。邊筍出產的時間不長，入秋以後便沒有了。

冬天生出來的筍子就叫「冬筍」。冬筍個兒小，殼上光光的、沒有毛，也不像烏筍那樣的黑斑點，筍殼的顏色黃黃的，非常好看。

冬筍比其他筍子好吃，質地也較細，自然價格也高過其他筍子。冬筍外皮較乾，可以耐久存放，而且冬筍盛產期接近年尾，所以家家戶戶在年夜飯均少不了它，例如：冬筍燒肉，冬筍炒肉絲和魷魚絲，炒豬肝或腰花裡也可以見到切了片的筍子。燒素菜時，更仗著它加味與生色，譬如：烤麩、素雞、炒素什錦以及用作素餃子餡。至於一品鍋中，無論內容是雞、鴨或其他肉類，任一種尊貴的材料，也不能缺上小小、薄薄的冬筍片。

盛夏冷飲

七、八十年前，沒有冰箱，夏天要喝一點冰鎮之類的飲料或瓜果，還要大費周章地自己動手做，而做飲料的材料並不多。

我記得家裡常做的只有兩種，一種是用木蓮子放在布袋裡，在冷水（即井水）中用力搓揉，流出濃濃的汁，最後攪勻一下，暫放一邊，待凝結成凍狀，就可用調羹盛在小碗裡，淋上事先煮好的黃色糖水，便是一碗冷飲了。這種做法因為製作過程不太合乎衛生，而且用的是未經煮沸的井水，容易鬧肚子，所以小孩是不准吃的。

另一種是「酸梅湯」，用酸梅熬出來的汁加冰糖，放涼後灌入瓶中。冰鎮的方式是：將幾個瓶子放在籃內，籃子柄上有一條粗繩子，把籃子縋入我家前院的深井中，有一半泡在井水裡，深井裡的水很涼，可以當作冰箱用。冰鎮幾小時以後把籃子拉上來，清涼可口的酸梅湯便是那個年代，我們小孩子唯一可以解暑的飲料了。

至於瓜果也是用同樣的方法縋入井中，雖然手續麻煩一點，但若能解暑，也就不厭其煩了。

記得父親曾設計了一架壓果汁用的木檯，它是用木頭做成的，還用紅色油漆塗過，相當精緻。形狀像一條長板凳，不過它是斜斜的，兩隻腳高、兩隻腳矮，前面有一圓形的突起木塊，可將甘蔗、柳丁等水果切好後放在上面。另外有一長柄的圓形木塊，可將水果壓下去，下方突起的木塊周圍有一條槽，壓出來的果汁，可由此槽流至下方承接的杯子中，十分方便。

在壓水果的兩旁釘了兩條木條，上有扶手，可以施力。這種設計以現代人的眼光來看，也還是滿實用和科學的，難怪當時親友們都稱讚我父親有新的頭腦。

所謂「窮則變，變則通」，自從有了父親設計的壓果汁器之後，我們的深井裡也有了冰鎮果汁，家人又多了幾種冷飲可以

喝了。

　　夏天煮多了菜，吃不完怕餿了可惜，廚子們也用同樣的「深井冷藏法」來保存食物。看來這口又老又深的井，對我們照顧不少呢！

　　到了民國二十年以後，拓寬道路，把我家的圍牆拆了，院子裡的地也被切去一大塊，那口多功能的古老深井就被填平了。

　　不久之後，廚房裡出現了一樣新設施——就是那個時代特有的冰箱（每天放冰塊進去的「土冰箱」）。然而，時代的巨輪不斷地前進，現在要回頭找一台「土冰箱」，也尋覓無蹤了。

油燜茄子

當夏季到來，人們往往提不起興致在廚房裡揮汗煮食，胃腸消化力也減低，不似天冷時喜歡大魚大肉。既然油膩吃不下，弄些涼菜小食，省時又省力，是很受家人們歡迎的。油燜茄子菜式就是從這樣的想法而來。在蔬果盛產的夏天，茄子價格便宜，可多做一些存放在冰箱，熱食、冷食都很下飯。油燜茄子做好放置一、兩天後，如果尚未吃完，可以將剩餘的茄子用筷子分開攪散，加些烏醋、醬油，拿來拌麵條或涼拌豆腐都是絕配。

材料

茄子⋯⋯⋯⋯⋯⋯⋯⋯⋯⋯⋯⋯⋯兩斤
醬油⋯⋯⋯⋯⋯⋯⋯⋯⋯⋯⋯⋯⋯三湯匙
麻油⋯⋯⋯⋯⋯⋯⋯⋯⋯⋯⋯⋯⋯兩湯匙
水⋯⋯⋯⋯⋯⋯⋯⋯⋯⋯⋯⋯⋯⋯少許

茄子

做法

1.茄子的蒂慢慢剝下來，不要丟掉。
2.將茄子洗淨後，一折為二或三段，放入乾鍋中，茄蒂也同時加入，再加水少許。
3.蓋上鍋蓋，先用中火燜一會，將水分燒乾，再開鍋用鏟子慢慢翻動，待茄子變軟後，加醬油後以小火燜煮，過程中不時翻動茄子。
4煮至茄子變軟且顏色變深，即可淋上麻油後起鍋。

「烤豇豆」也是夏天的清爽菜色之一，做法與油燜茄子相同，這兩道都是很美味的便當菜，蒸了之後不會變色，且更加入味。烤豇豆也可細切成蔥花段，作為炒飯配料，十分可口。

材料：
長豇豆半斤，醬油兩湯匙，鹽一湯匙，大蒜三粒，麻油兩湯匙，水少許。
做法：
1. 長豇豆洗淨，切成約手指長度。大蒜拍碎備用。
2. 將豇豆放入乾鍋中稍加清水，蓋上鍋蓋燜煮，將水分燒乾，不時開鍋用鏟子翻動一下。
3. 待豇豆變軟後，加醬油與鹽後以小火燜煮，並不時翻動。
4. 煮至豇豆變軟且顏色變深，即可淋上麻油後起鍋。

梅奶奶的美味叮嚀

烤菜

烤菜是一年四季都可吃的菜式,在蔬菜生產的旺季,人們將多餘的青菜收藏起來,以備冬季使用,或是變換口味,使得菜蔬的吃法更為有趣。因此,烤菜除了當成小菜之外,也可以煮湯,配些肉片、粉絲、薑絲等,清爽又開胃。

材料

青菜(台灣稱為青江菜或四川菜)或
菜心⋯⋯⋯⋯⋯⋯⋯⋯⋯⋯⋯⋯二、三斤
醬油⋯⋯⋯⋯⋯⋯⋯⋯⋯⋯⋯⋯兩湯匙
鹽⋯⋯⋯⋯⋯⋯⋯⋯⋯⋯⋯⋯⋯少許
白糖⋯⋯⋯⋯⋯⋯⋯⋯⋯⋯⋯⋯少許
麻油⋯⋯⋯⋯⋯⋯⋯⋯⋯⋯⋯⋯數湯匙

做法

1 將青菜洗淨,不需切斷,整棵放入大鍋中(用菜心則切成二、三吋長,帶皮加水放入鍋中)。

2 蓋上鍋蓋,用中火煮至水乾,過程中要常常翻動,使菜不至於燒焦。

3 加入醬油及鹽,改用微火燜煮,等到菜變軟,再加入少許糖拌勻,接著淋上麻油,蓋鍋稍燜一下,即可盛出。

青江菜

梅奶奶的美味叮嚀　烤菜若用菜心,注意烹煮時間需稍久,用筷子戳入外皮可知是否已軟爛。在外觀上,烤菜必須略帶暗黃色,方能入味好吃,可熱食,亦可吃涼的,所以不妨多做一點放在冰箱,可吃一星期。

辣白菜

辣白菜是就餐的小菜，因其做法簡單，可以成為宴客時的前菜，它擺盤好看，又能提早準備，當然，因為熱量低，對於吃的人也是很有吸引力的！

材料

包心菜	兩斤
乾辣椒	三個
花椒	少許
紅辣椒絲	兩個
薑絲	少許
白砂糖	五湯匙
白醋	五湯匙
鹽	兩茶匙
麻油	少許
油	五湯匙

做法

1 先將包心菜洗淨，在沸水中燙軟，撈出晾涼。

2 將包心菜排成一長條，把菜葉捲成筒狀，切成一吋寬小捲，排在盤內。如此將所有材料做完。

3 取淨鍋將油燒熱，放入乾辣椒與花椒，炸至辣味、香味溢出，倒入紅辣椒絲、薑絲、白砂糖、醋和鹽，煮沸離火，將炸黑的乾辣椒與花椒撈出。趁熱將滷汁淋在菜捲上面，稍燜數分鐘，灑上麻油少許，即可上桌。

把一長條包心菜葉捲成筒狀。

梅奶奶的美味叮嚀

此菜是北方人常吃的小菜，清淡可口，酸、甜、麻、辣匯合一盤，尤其在夏日炎炎，胃腸不佳時，有提振食慾、消除暑氣的功效，不但家常食用方便，宴客亦頗受歡迎。

涼拌素菜

夏天想吃輕食,又吃不習慣西洋的生菜沙拉,可以試試這道中式的涼拌素菜,注重健康養生者也可當作午間便當。用豆干汆燙後切絲,或加入其他核果也會有很好的效果。

材料

綠豆芽	半斤
胡蘿蔔絲	小半碗
黃瓜絲	小半碗
香菜	適量
花生米	三湯匙
乾洋菜絲	小半碗
白醋、鹽和麻油	少許

做法

1 綠豆芽摘根洗淨,花生米去皮,香菜切段。洋菜若為整片,須剪成細絲狀。

2 把所有的素菜材料處理好後,放在略帶深度的大碗公裡,加上少許白醋、鹽和麻油拌勻,就是十分爽口的小菜,而且色、香、味俱全。

涼拌素菜材料

梅奶奶的美味叮嚀

涼拌素菜是非常簡便的家常涼菜,適合夏日享用,但需先備好材料,上桌前才加入調料,以保蔬菜鮮嫩脆爽,同時,當餐吃完口感最佳,也較不易酸敗。

豆腐變化菜餚

　　中國人很早以前就發明用黃豆做豆腐的方法，現代有了果汁機，做法更簡單了。

　　先準備黃豆一斤，以量杯量清水十八杯、石膏粉六茶匙和玉米粉六茶匙。黃豆洗淨後泡水，等到外皮發脹後用手搓揉去皮，再用清水沖淨，接著浸泡二小時。

　　在果汁機中加入十八杯水，打二分鐘，煮開後加石膏粉、玉米粉加水調和。加入石膏水後不可攪動，十五分鐘後即可凝結成豆腐或豆花。

　　刮去表面一層豆腐或豆花，倒入墊有白布的模型內包住，蓋上一塊木板，上面用重物壓住使水分流出，約一個小時後，豆腐就可以吃了。

　　做豆腐和做豆花用的石膏粉不一樣，做豆腐用二十二號石膏粉，做豆花用二十四號石膏粉。每半斤黃豆加三茶匙石膏粉。

　　豆腐富含植物蛋白，營養豐富，老少咸宜，葷食、素食者都可以吃，中國人尤其愛吃豆腐，於是發展出了各種不同的豆腐烹調方法。

貴妃豆腐

豆腐因為本身無味，一定要靠其他佐料提味，貴妃豆腐以肉片、筍片、木耳與豆豉這許多鮮美的配料幫忙，使得這道菜極為鮮嫩可口，滋味不亞於魚肉，且老少咸宜，南北口味均能適應。

材料

嫩豆腐	五塊
冬筍	一支
黑木耳	數朵
豆豉	一湯匙
蔥	兩根
五花肉	二兩
醬油	兩湯匙
鹽	兩茶匙
太白粉	兩茶匙
高湯或清水	兩碗
油	兩湯匙

做法

1 將冬筍切片，黑木耳切成小塊，豆豉壓碎之後切碎，蔥切吋段，肉切成薄片。豆腐去邊後，切成約一吋厚長方形。

2 燒熱油鍋，下五花肉片，炒出油後放入豆豉及筍片、蔥段、木耳，加入高湯或清水，用醬油、鹽調味，煮開再放入豆腐片（高湯必須與豆腐齊高，才能煮入味），約煮十分鐘，稍加薄芡（太白粉加清水稍調勻），待煮沸即可起鍋。

←筍　黑木耳↗

梅奶奶的美味叮嚀

選擇豆豉要注意乾豆豉味道較香，但需洗淨、泡溫水發開，並把泡豆豉水加入鍋中，更增鮮香。

149

烤豆腐

豆腐與海鮮一向是最佳搭檔,不過,海鮮用料要求新鮮,燉煮時間不能太長,以免豆腐太熟爛,海鮮火候也太過,因此,使用好的配料與高湯底是成功的關鍵。

材料

豆腐	兩塊
海蠣	半斤
芹菜末、肉丁、蝦米丁	少許
青蔥(只取蔥白)、青蒜	各兩根
蝦醬	一茶匙
鹽、麻油	少許
太白粉	兩湯匙
高湯	一碗公
油	兩湯匙

做法

1 將海蠣洗淨、去殼。

2 鍋中放入油,待油熱後,先放芹菜末、肉丁、蝦米丁拌炒,再加入蝦醬及高湯,接著下豆腐,均勻壓碎後加少許鹽。

3 湯沸後,倒入海蠣,再沸即用調了水的太白粉勾芡至稠度適中,接著淋下麻油。

4 將蔥白、青蒜切成碎末撒上,再淋少許麻油即成。

芹菜

蝦米

青蒜

梅奶奶的美味叮嚀

1.這道菜為福州一般的家常菜,豆腐與海蠣價廉而富營養,做法簡單,配料可隨意更換。嗜食酸辣者可在出鍋時,淋入少許烏醋與胡椒粉。

2.海蠣的選擇首重新鮮,沒有腥臭味或摸著不黏手,都是可觀察的方法。當然,選擇可靠的攤商更能減低風險。

3.高湯可用雞架、豬大骨或魚骨等用中火熬煮,加鹽煮滾後濾出放涼即成。高湯是做出鮮美菜色的秘密武器,可定期準備一些,放涼後,分裝成小袋放入冷凍庫收藏,做湯、菜時隨時取用即可。唯魚高湯或牛高湯味道特殊,不適用於一般菜式中。

鍋塌豆腐

豆腐與肉類的菜色能有許多種變化，鍋塌豆腐的重點，是創造豆腐酥脆的外皮，以肉餡作夾層，加上鮮美的高湯勾芡，使滋味入於其中，豆腐就自然好吃了！

材料

瘦豬肉	四兩
老豆腐	三塊
鹽	一茶匙半
麻油	一湯匙
蛋黃	兩個
中筋麵粉	一湯匙
太白粉	一茶匙
蔥絲	少許
高湯	一飯碗
油	四湯匙

將豆腐由橫面一剖為二。

取片開豆腐的一半放在乾麵粉上，再將豬肉餡均勻鋪在豆腐上。

覆上另一半豆腐在肉餡上，再撒一層乾麵粉在上面。

做法

1 瘦豬肉剁碎，拌入半茶匙鹽、半湯匙麻油，再加入適量清水拌勻。

2 老豆腐洗淨，切成兩吋長、一吋寬、半吋厚的長方形，並由橫面一剖為二。

3 蛋黃打散備用。

4 平底盤中撒上一層乾麵粉，取片開豆腐的一半放在這層麵粉上，再將豬肉餡均勻鋪在每片豆腐上，覆上另一半豆腐在肉餡上，再撒一層乾麵粉在上面。

5 鍋中加三湯匙油燒熱，將豆腐塊在蛋汁中沾勻，放入煎成兩面黃。

6 放入鹽一茶匙、高湯一飯碗，蓋上鍋蓋，用小火煮約五分鐘，接著打開蓋子沿鍋邊淋入一湯匙油、半湯匙麻油及蔥絲。

7 用太白粉勾芡。出鍋前再淋上少許麻油。排盤時，先將豆腐排好，再把芡汁均勻地淋在菜盤上。

梅奶奶的美味叮嚀

1.這道菜為北方菜，多蛋白質、富營養，烹調時要特別小心，以免破損，有礙美觀。

2.勾芡時不可用鍋鏟或杓子推動翻拌，必須將鍋子搖起轉動，直至芡汁均勻。

家常豆腐

平常家居過日子，能在不費工夫的情況下，做出又快又好的菜，家常豆腐是百吃不膩的一道，不僅居家下飯方便，家人、孩子帶便當時，家常豆腐也是越蒸越好吃的配飯菜。

材料

板豆腐	四塊
豬絞肉	半碗
青蒜	一根
太白粉	一湯匙
鹽、醬油	少許
辣豆瓣醬	一茶匙
高湯或清水	半碗
花生油	兩湯匙

做法

1 將豆腐由橫面一剖為二，再從上做十字形分切，成為八塊。青蒜切成末備用。

2 加兩湯匙花生油在炒鍋內燒熱，接著放入豆腐，兩面煎黃後盛起。

3 把辣豆瓣醬在油鍋中炒散，加入豬肉末炒勻，加鹽、醬油、高湯（或清水），再倒入豆腐，同煮至湯汁快乾時，撒入青蒜，並用太白粉加水勾芡，即可盛起。

←豬絞肉　豆腐↑

梅初初的美味叮嚀

1. 這道菜為經濟實惠的下飯菜，它的口感香脆中帶有滋潤，加上豆瓣醬的香濃，最得家人喜愛。

2. 此菜須用板豆腐製作，下鍋煎時才不致散裂，咀嚼起來有吃肉的感覺。有人用盒裝軟豆腐做此菜，省去油煎的步驟，變成柔軟且多湯汁的做法，其口感呈現是完全不同的。

熊掌豆腐

熊掌豆腐使用雞肉、筍子、香菇、火腿、蝦米等作為豆腐的配料，是相當豐富的一道菜，為使成菜顏色美觀，故不加醬油，而僅用鹽與火腿調味，烹煮時須注意火腿片不可切太厚或太多，並將火腿的肉皮部分切除，以免有油耗味。

材料

老豆腐	五塊
雞胸肉	半塊
筍子	一個
乾香菇	三、四個
開陽（即蝦米）、火腿	少許
蔥	兩根
鹽	一茶匙
酒	少許
太白粉	少許
高湯（或清水）	一湯碗
油	四湯匙

開陽（即蝦米）

做法

1 豆腐切一吋半厚片。蔥切吋段。

2 雞胸肉與筍子用水煮熟，皆切成指甲大小薄片。乾香菇泡水發開、洗淨，一切為四。火腿切成小片。

3 淨鍋燒熱，先倒入兩匙油涮一下鍋子再倒出。另放入一匙油，改用小火將豆腐逐片放下，順序排列在鍋內，煎至一面呈黃色時撈出，瀝去餘油。

4 在煎豆腐的鍋中加入一匙油，邊放入泡發香菇、雞肉、開陽、火腿、筍片和蔥段，邊拌炒，接著注入高湯（或清水），加鹽、酒，倒入煎好的豆腐（煎黃面向上），蓋鍋用小火燜十分鐘，使豆腐入味。

5 湯汁快收乾時，用太白粉和少許水調勾芡，煮沸後，即連湯帶菜盛入盤中，豆腐仍保持原狀。

梅奶奶的
美味叮嚀

1. 因煎過的豆腐顏色像煮好的熊掌，故名「熊掌豆腐」，宴客、家常兩宜。
2. 豆腐本身沒有鮮味，需要上好的湯汁燜煮。
3. 亦可加鮑魚、海參等配料，隨意更換。
4. 勾芡不要太稠，用流水芡即可。流水芡的勾法，即為鍋轉菜不翻為原則，芡汁入鍋中端鍋轉動，不要用杓或鏟子將豆腐弄亂，以保持美觀。

蔥豆腐

蔥豆腐不靠其他食材提味，是一道真工夫的家常菜，吃的是豆腐的本味、蔥花的清香，真正品嘗到「素中滋味長」的境界。蔥豆腐一定要上桌趁熱立刻食用，不能出菜放涼才吃，否則會帶有微微的酸味。

材料

嫩豆腐⋯⋯⋯⋯⋯⋯⋯⋯⋯⋯⋯四塊
蔥⋯⋯⋯⋯⋯⋯⋯⋯⋯⋯七、八根
醬油、鹽、胡椒粉⋯⋯⋯⋯⋯少許
油⋯⋯⋯⋯⋯⋯⋯⋯⋯⋯⋯⋯四湯匙
清水⋯⋯⋯⋯⋯⋯⋯⋯⋯⋯⋯⋯少許

做法

1 嫩豆腐洗淨，將豆腐先橫剖一半，再切成約一吋厚之四塊。蔥花細切備用。

2 淨鍋燒熱，加入四湯匙油，待油熱時倒入醬油、鹽，用鏟子和勻，接著倒入豆腐，以鏟子輕輕推動數下，使其平鋪在鍋內，稍加清水，然後改用小火蓋鍋煮數分鐘。

3 起鍋前撒入蔥花鏟勻即可盛出。送上餐桌前撒胡椒粉少許，增加香味。

←豆腐　蔥↗

梅奶奶的美味叮嚀

1. 豆腐本身無鮮味，要使這道菜生色，必須仰仗好的原汁醬油調味。
2. 蔥豆腐因使用嫩豆腐製作，也不過油煎，必須注意保持豆腐外形的完整，動鏟子盡量從鍋邊向內翻。
3. 添加清水可免燉煮時太乾，但要注意若水分太多，味道會被稀釋，盛盤時也不會美觀。

參 年節美食與古法傳承

過年是中國人最重點也最傳統的節慶，
年夜飯時，
一盤盤、一盅盅的傳統好菜上桌，
空氣中香味四溢。
同樣是傳統的美味，
可惜有些做法快失傳了，
除了專門的師傅，
一般人已經不太知道怎麼做了，
我特別將它一一記錄下來，
以作後人參考。

歡喜過新年

湯糰和年糕喜團圓

　　現代社會中，過年過節吃的食物幾乎隨時都可以買得到。但是在過去的年代，平時大家都很忙，要到年底才有空閒的時間，所以一進入農曆十二月，家家戶戶便開始準備過年的食物。由於一年只有一次，所以大家都十分重視。

　　一開始是磨元宵粉，做元宵餡子、水磨年糕，這些都是很費力氣的，要弄上好幾天。

湯糰

　　「湯糰」與「年糕」是過年不可或缺的食品。湯糰，是取「團團圓圓」的吉祥意思，外皮是用糯米水磨後再壓乾的。餡子分成葷的與素的兩種，素的是用紅豆煮爛，加素油與砂糖水，以小火炒成豆沙。葷餡是用黑芝麻粉、砂糖、豬油混合而成。

　　做黑芝麻餡要費一番功夫，其方法如下：

　　要做的前幾天先買回豬油，掛在風口吹乾，然後切成小條，撕去外皮，用手指捏碎，取出中間的筋。

　　把黑芝麻炒熟後，用擀麵杖壓碎，篩子篩出外皮，再將芝麻壓細。接著把黑芝麻粉、砂糖和生豬油和在一起揉勻，搓成一糰一糰的，便是芝麻餡了。

　　寧波人吃湯糰的方法，除了用水煮外，還有用油炸。或是將糯米粉、餡子放在碗內加點水，放入蒸籠蒸熟以後，用筷子攪

拌，吃來別具滋味。

年糕

　　寧波的水磨年糕很有名，它是用一種特殊的「梁湖米」做的，有彈性不黏牙，吃起來很爽口，不像一般米做的年糕，一煮就爛糊糊的。

　　寧波人吃年糕的方法有兩種，一種是炒的，一種是用湯煮的。「炒年糕」的做法，是先將年糕切成薄片，另以肉絲、筍絲、香菇絲、青菜或大白菜炒成澆頭。把年糕片放在澆頭上，蓋上鍋蓋燜煮五分鐘，等年糕變軟，與澆頭一起炒勻，即可食用。注意炒澆頭時不要加水，因蔬菜內已含有水分，加水會使湯汁太多，有損口感。

　　「年糕湯」則是以年糕加高湯、青菜同煮。每年一進入農曆十二月中旬，寧波人家家戶戶都要送神，便會選定日子邀請親友來吃「謝年酒」，酒足飯飽後有一份年糕湯，「請吃年糕湯」的習俗也由此而來。

　　孩提時代，我最感興趣的便是被其他人家邀請去吃年糕湯了。我離開寧波已有六十幾年，雖然回去重遊過一次，但是時間太匆促，加上不是在年尾時間，所以沒有機會嚐到充滿鄉土味道的年糕湯，十分惋惜。

冷盤與年菜變化多

寧波人在過年請客與家宴中的冷盤，花樣很多，如醉蟹、醉元寶、糟魚、糟蛋、醉雞、醉血蚶、蟶子（一種外型為扁長的淡菜，前端有三個突出的小管，肉質鮮美，常用乾貨燉湯提味），都要一樣一樣的做，這些也都是江浙人最愛的下酒菜。我們家的管家老馮媽是做寧波菜的高手，我常看著她把一罐罐的冷盤裝滿滿，香味四溢，必要時我還是她的助手。

在年菜的主菜中，油豆腐燒豬腿肉、煮烤肉、筍乾燒肘子、燒鯉魚（取其「年年有餘」之意）均是不可或缺的料理。食素者，也有青蔬烤福麩、爆漿素雞、素什錦等「素年菜」饗宴。

醉蟹

要用毛蟹來做，因為毛蟹肉細嫩、膏多。

先將活毛蟹洗淨，剝開蟹殼，去掉蟹肺與肚臍，再對半切開，放入罈內，加上蔥、薑，注入醬油與酒，數日後即可取食。

醉元寶

以豬蹄所做，先將豬蹄煮熟，用鹽稍醃再浸入酒中，三、五日之後即可取出食用。

醉血蚶

血蚶是下酒好菜，台式菜色中也有類似做法，但血蚶的鮮味遠勝於海瓜子與蛤蜊，製作時，要準備一些好酒和純釀醬油。

詳細的用料為：血蚶一斤，蔥四根切段，老薑六片，紹興酒和醬油適量。

做法並不難，先洗淨蚶子外殼上的泥土後，用沸水泡數分鐘，等到血蚶殼分開即把水倒出來。把蚶子殼空的那一邊剝開丟去，將有肉的蚶子殼排列在小罈子內，上面放蔥、薑，倒入酒與

醬油（必須滿過血蚶，才可保持不壞），味道鮮美無比。

　　血蚶是非常少有的食材，通常在過農曆年前的大市場（如台北的南門市場）僅有一攤供應，因為僅供給酒樓飯店等，必須先行預定才有。還有，血蚶類海味一定要注意新鮮度，有異味時千萬不可食用。

糟魚

　　將鹹魚放在酒糟或酒釀裡一星期至十天，接著取出蒸食，別有風味，可下酒亦可佐膳。

糟蛋

　　做法大致與糟魚相同。將雞蛋洗淨擦乾，放入酒糟罈中，酒糟要漫過雞蛋，約七至十天，即可取出蒸食。糟蛋帶有酒類的清香，品嘗起來別緻風雅，是就茶下酒的點心。先不將蛋煮熟的原因，是可使全蛋都入味，待吃時才蒸熟，故糟蛋做好後，也不宜擱置很久，應及時享用。

醉雞

醉雞製法並不難,現在餐館小肆也都賣,然而,要做出頂級的醉雞,首先要選好料——雞隻的選擇會影響其肉質。再來是好酒——自釀的花雕、陳紹風味肯定絕佳。最後是醃漬容器的選擇——陶瓷罈罐比起不鏽鋼或塑膠容器,對於酒精的保存不但較衛生健康,也會讓醉雞的滋味更豐富。

材料

閹雞	一隻
鹽	半碗
紹興酒	一瓶
瓷罈(或夠深的鍋具容器)	一個

做醉雞要用閹雞。

做法

1 閹雞去毛、洗淨後,以大鍋煮沸一鍋水,將雞背部朝上置於水中,蓋上鍋蓋繼續煮。

2 待水再次沸騰後,將雞提起,使雞腹中水分流出,連做三次之後,即可取出晾冷。

3 用鹽擦遍雞身內外,醃製半天,接著放入罈內,加紹興酒浸泡,酒須漫過雞身。

4 將瓷罈封緊置於陰涼處,兩、三天後即可將雞肉取出,剁塊食用。

梅奶奶的美味叮嚀

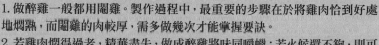

1. 做醉雞一般都用閹雞。製作過程中,最重要的步驟在於將雞肉恰到好處地燜熟,而閹雞的肉較厚,需多做幾次才能掌握要訣。

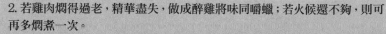

2. 若雞肉燜得過老,精華盡失,做成醉雞將味同嚼蠟;若火候還不夠,則可再多燜煮一次。

3. 醉雞加上好酒,大宴小酌都適合,但是做好的醉雞不宜久存,七天左右就要吃完,味道較新鮮。

油豆腐燒豬腿肉

油豆腐燒豬腿肉是我家非常喜歡的菜色，它可佐餐，又能作便當菜，更有其他配料上的變化，在寧波冬天的時候，我最喜歡一手拿著大饅頭，配上一碗油豆腐燒肉，幾碟醃菜，就成為溫暖的大餐。

材料

油豆腐泡	半斤
豬後腿肉	一斤半
青蔥	兩根
生薑	四片
黃酒	半碗
醬油	半碗
八角	兩枚
冰糖	一茶匙
清水	一碗

做法

1 將油豆腐泡洗淨，青蔥切成五、六段。另把豬肉切成稍大塊，並在油鍋中炒至變色。

2 將八角、薑片、黃酒、醬油、清水等逐一加入鍋中，以中火燒開，再轉為小火燉煮。

3 約燉煮二十分鐘後，稍微翻攪肉塊以免黏鍋，接著將油豆腐泡加入鍋中，一同慢燉。

4 繼續煮約二十分鐘後，加入冰糖、蔥段，轉中火，掀開鍋蓋再煮數分鐘將醬汁略收乾，即可起鍋。

油豆腐泡

豬後腿肉

八角

冰糖

梅姍姍的美味叮嚀

1. 油豆腐泡容易酸壞，應使用新鮮貨。洗淨後可用叉子在豆腐泡上戳些小洞，使醬汁得以滲入，味道特別鮮美。此外，油豆腐泡也可以用油麵筋、乾腐竹（須先泡開）等代替。
2. 豬肉應挑選稍帶油脂的部位，燒出的肉才不至於乾澀，油豆腐泡的口感也會較滑潤。

三元湯

每年除夕，年夜飯一開始時，管家老陳媽都會端來一大盤熱騰騰的水餃。因為餃子形狀如元寶，所以她一邊端上桌，一邊說：「老太爺、老太太，祝你們元寶滾進門，年年有餘。」餃子餡是用鰻魚肉加少許韭黃做成的，魚與餘同音，借來作祝賀詞，倒也十分巧妙。

兩老笑著說：「謝謝妳的金口，辛苦啦！」接著母親就把準備好的一個大紅包塞給她，老陳媽連聲說：「太客氣了！謝謝您啦！」

年夜飯接近尾聲時，老陳媽又端來一個錫製的大火鍋，裡面是熱滾滾的湯，放著三種丸子，分別是蝦丸、魚丸和豆腐丸，稱為「三元湯」。此時，老陳媽又換了句吉祥話：「祝諸位少爺、小姐三元及第。」儘管早已沒有了科舉制度，「三元及第」的賀詞，聽來還是令人挺開心的。

於是母親又拿出第二個紅包塞進老陳媽手中。一個歲末，老陳媽的圍裙口袋就被撐得滿滿的了。

材料 🍅

蝦丸、魚丸、豆腐丸	各半斤
大白菜	半顆
蛋餃	半斤
紅蘿蔔	半條
粉絲	一把
鹽	兩湯匙
老薑	兩片
青蔥	一支
高湯	一碗

做法 🌿

1 將粉絲泡開，大白菜縱剖切成大塊，紅蘿蔔切成薄片，青蔥切成小段。

2 高湯加清水半鍋，投入薑片、大白菜，大火煮滾後，再將蝦丸、魚丸與豆腐丸全數放入，稍滾即轉為中火，加進蛋餃、紅蘿蔔片與粉絲，並入鹽調味，續煮三、五分鐘後，再加入蔥段，就可上桌。

梅奶奶的美味叮嚀

三元湯中因三種丸子均已先煮熟了，故以高湯提味，白菜、粉絲、蛋餃、紅蘿蔔為配角，一方面調和顏色，一方面也可增加飽足感。

自己動手做三丸

這三種丸子都可放在火鍋中與蔬菜同煮，亦可單獨烹調。

【蝦丸】

材料：

蝦仁半斤，鹽一茶匙，酒一湯匙，薑三片，蔥兩根，雞蛋清一個，太白粉酌量。

做法：

1 蝦仁洗淨後挑去蝦腸，處理好後剁成蝦茸。

2 薑三片和蔥兩根用榨汁機打成漿汁（兩湯匙）。

3 在蝦茸中加入鹽、酒、薑蔥汁、蛋清和太白粉拌勻。

4 燒一鍋水，煮沸後將火轉小。左手抓一把調好的蝦茸，手由下往上一擠，從大拇指與食指間便擠出一個圓球，再以右手食指一刮，蝦丸即落入沸水中，如此做完所有蝦肉丸子，煮二、三分鐘後撈出。

【魚丸】

材料：

草魚半斤，鹽一茶匙，酒一湯匙，薑三片、蔥兩根（用榨汁機打成兩湯匙漿汁），雞蛋清一個，太白粉酌量。

做法：

1 去掉魚皮，用刀刮下魚肉，慢慢剔出魚刺。
2 其他做法與蝦丸相同。

【豆腐丸】

材料：

老豆腐半板，豬絞肉一斤，鹽兩茶匙，酒一茶匙，胡椒粉適量，薑汁適量，太白粉酌量，蛋清一個。

做法：

1 將豆腐剁碎，與豬絞肉拌勻後，再加入鹽、酒、胡椒粉、薑汁、太白粉和蛋清調勻。
2 其他做法與蝦丸相同。

從大拇指與食指間便擠出一個圓形蝦球。

素烤麩

素烤麩是一道母親最愛的小菜，雖然稱為小菜，但是其製作方法相當繁複，同時，它也不宜久放。烤麩是全素的菜式，必須選用鮮嫩的筍片、厚實的香菇與上好麻油提味，可保留泡發香菇的水，加入烤麩中以增其鮮。

烤麩是理想的前菜，配炒飯、湯麵很能助餐，下酒、配茶也很適宜。

材料

烤麩	十顆
乾香菇	四朵
冬筍	一支
新鮮青豆	小半碗
鹽	少許
料酒	一湯匙
醬油	四大匙
生薑	兩片
八角	兩粒
白砂糖	半茶匙
麻油	四大匙
花生油	一碗

做法

1 烤麩以手撕成小塊（不要用刀切），在沸水中稍煮過去除發粉的味道，再撈出放涼後，擠出水分。

2 加熱油鍋，將烤麩塊炸至呈黃色，即撈出放涼。

3 將乾香菇泡開、切塊，冬筍切成滾刀塊，接著在油鍋中炒熟筍片、香菇、青豆，加少許鹽調味。

4 倒入炸好的烤麩，放入酒、醬油、生薑、八角炒勻後，加清水漫過烤麩，蓋鍋用大火煮沸，再改用小火煮至水分快乾（須常翻動）。

5 加入砂糖及麻油繼續翻炒，至糖分融化即可盛出食用。

烤麩、乾香菇和冬筍

梅奶奶的美味叮嚀

1. 烤麩以手撕成塊，口感較滑潤自然。另外，經沸水煮過可去除異味，較為衛生。
2. 烤麩炸至呈淡黃色即應關火撈出，否則在高溫下，烤麩容易轉為焦黑。
3. 配料的冬筍可選用其他季節性竹筍，以爽脆細緻為宜。而青豆作為配料可增加色彩。
4. 烤麩本身味道平淡，但它能吸取滋味，故調味不宜太淡，收汁也不需太乾，較為可口。
5. 這道菜為年菜中的涼菜，可多做一些置於冰箱，隨時取用，但因其容易酸敗，當餐未吃完，不可倒回原容器中，全部菜料需於三、四天內食用完畢。

素雞

素雞常與其他同名菜色混淆，但是這道素雞是其中最繁複也最獨特的，也因此，現在連高級餐館與星級飯店都懶得製作。素雞在夏天製作時必須眼明手快，將包好的素雞立即送入鍋中油炸，待放涼後也要迅速收進冰箱冷藏，以免因熱而酸壞。

素雞是極為高雅的冷菜，它嬌貴的特質不適合配飯，只適合細細品味豆皮在滷汁中、酥炸後帶來的豆香，舌間可嚐到因為極細膩層次包裹出鮮筍與香菇的口感，與三五好友僻靜談心時，配上一盅好茶，最能體會這道菜的真味，也才不致辜負了做菜者的心意。

材料

豆腐皮	六張
筍子	一支
香菇	兩朵
醬油	半碗
鹽	一茶匙
麻油	一大匙

做法

1 將乾香菇泡開，與筍子同切成條狀，一起放入小鍋內，加清水、醬油、鹽、麻油煮熟後，稍滾便離火。

2 將六張豆腐皮（每張呈半圓形）邊緣的硬皮輕輕撕下，放入做法1煮好的滷汁中泡軟。

3 把一張豆腐皮平鋪在桌上，用筷子夾著做法2泡軟的腐皮絲，在鋪好的豆腐皮上塗擦滷汁，接著再疊上第二張，繼續同樣的動作。

4 直到疊完六張豆腐皮後，將滷汁中的腐皮絲全部撈出，鋪在豆腐皮上，加上筍子與香菇絲，從兩邊摺起包緊，即成一條素雞。

5 將包好的長條素雞以小火油炸，兩頭都要炸到，至炸成淺棕色即可取出，放涼後切成小段，即可上桌

豆腐皮、乾香菇、筍子和醬油

梅奶奶的美味叮嚀

1. 選購豆腐皮時要注意新鮮度，存放太久的豆腐皮容易碎裂，並產生異味。

2. 素雞在油炸時，因包裹過長，須將素雞捲兩端輪流炸透，且火力不可太大，以免過乾斷裂，炸成淺棕色即可。

3. 素雞內包了香菇、竹筍，並富含湯汁，滋味鮮美，是素食的佳品。一次可多做幾條，待其涼透後分別以鋁箔紙包妥放入冰箱冷藏，五天之內應可保持美味。

梅奶奶教你捲素雞

1.將六張豆腐皮（每張呈半圓形）邊緣的硬皮輕輕撕下，放入煮好的滷汁中泡軟。

2.把一張豆腐皮平鋪在桌上，用筷子夾著泡軟的腐皮絲，在鋪好的豆腐皮上塗擦滷汁，接著再疊上第二張，繼續同樣的動作。

3.直到疊完六張豆腐皮後，將滷汁中的腐皮絲全部撈出，鋪在豆腐皮上，加上筍子與香菇絲，從兩邊摺起包緊，即成一條素雞。

美味上菜！

素什錦

素什錦是我們家過年時的年菜,起因於大家過了除夕,在祭灶之後就停止煮熟食,準備一些素菜可以吃到初五以後。素什錦是冷菜,為祈求新年久久長長,平平安安,菜料都取用長條切絲,以表敬天謝神的誠意。素什錦吃剩時,也可用來拌麵、拌飯都很美味。

材料

乾香菇	六朵
豆干	六片
胡蘿蔔	兩條
白蘿蔔(中型)	一條
冬筍	兩支
鹹菜	兩顆
新鮮木耳	五片
榨菜	一顆
黃豆芽	二兩
黃花菜	二兩
花生油	一碗

●調味料(做法3):醬油半碗,鹽一茶匙,麻油兩大匙,白砂糖一茶匙

做法

1 將乾香菇泡發、去蒂,豆干橫剖成三片。黃豆芽去尾、黃花菜洗淨。

2 將香菇、豆干、胡蘿蔔、白蘿蔔、冬筍、鹹菜、木耳、榨菜切絲,分別用花生油炒過。

3 最後再把所有素菜下鍋混合拌炒,加入醬油、鹽、麻油、砂糖等調味,即可起鍋。

素什錦材料

梅奶奶的
美味叮嚀

1. 胡蘿蔔、白蘿蔔等不可用刨刀刨絲,一定要耐心地切成細絲,切成絲的口感是不一樣的!豆干也要先剖成三薄片,再切細絲,比較細緻。

2. 炒素菜的方法:用油炒素菜時,易出水的材料(如胡蘿蔔、白蘿蔔、黃豆芽)須先炒至稍乾。不易入味的材料(如冬筍、木耳)炒時可稍加醬油調味,並燜煮至軟。醃製的菜類(如鹹菜、榨菜)則須分散至不同的淡味菜料中(如豆干、冬筍等)拌炒,以免鹹度過於集中。

3. 黃花菜又稱為金針菜,若使用乾料,須先泡水發開,並去除蒂頭。

4. 素什錦拌炒完成時,應稍帶濕潤,不宜太乾,方能久藏。

5. 素什錦為年菜中的冷菜,盛盤上桌時可稍加黑醋,更能促進食慾。

古法製作的
傳統食品

　　中國人是講究吃的民族，累積了許多「食」的經驗與技術，但是古法製造的傳統食品漸漸乏人問津，連製造方法都快要失傳了，十分可惜。

中式傳統早餐

燒餅

　　燒餅有兩種做法，一種純用麵糰，做法簡單；另一種摻發麵，因須加鹼水或蘇打水，要使酸鹼適度頗為不易，必須要有豐富的經驗才行。所摻發麵不可太多，僅為麵糰的四分之一或五分之一即可。但摻發麵的燒餅較未摻發麵燒餅好吃，而且好看，這裡便分享摻發麵的製法。

　　首先，燒餅中一層一層的口感來自「油麵」（又稱油酥），做法如下：油燒熱後（溫熱即可），把麵粉放下慢慢攪動，同時用文火加熱，等麵粉漸漸煮成黃色即可，晾冷後即成油麵。用一斤麵粉做的燒餅，須加六兩的油酥。

　　開始製燒餅時，先把白芝麻淘洗乾淨，瀝去水分後曬乾或晾乾。將麵粉用溫水調和，略揉一下後，加入發麵繼續用力搓揉，使麵糰與發麵融合，並加鹼水（或蘇打水）少許中和發麵中的酸味。麵糰揉勻後便放置一旁略醒十分鐘。

　　先在麵板上塗油，將麵糰兩面皆抹上少許油，以免黏在板上。接著用擀麵杖把麵糰壓成一指厚薄的大圓餅，將油麵均勻敷在麵餅上，撒下適量的鹽，再撒上一層乾麵粉，隨即將麵餅捲成

圓筒長條，均勻分成兩吋長小段若干個。

用擀麵杖自小段中間向前壓擀一下，再將未壓擀的後半部向前推動，捲住已壓平的部分。換一個方向，再做一次，直到四面都擀過、包起，不使油麵外露，餅製成後可增加口感層次。

再將包成的小麵捲正面沾少許白芝麻，以擀麵杖輕壓成長方形。

烤箱先以攝氏一百五十度至二百五十度預熱後，再把長方形餅皮平放在烤盤中送入烤箱，以中火烤五分鐘即成。

在三、四十年以前，烤燒餅都用專門的木炭爐子，將燒餅底下沾水，用手送入爐內，貼在爐壁上，烤熟後用火剪夾出。炭火很烈，容易燙到手，而且炭灰很髒。現在可用烤箱，清潔而方便，只要將烤箱溫度調整到攝氏一百五十度到二百五十度間預熱後，再將燒餅平放於烤盤中送入，因四周有熱力，烤成後鼓脹，入口酥脆。

油條

油條除了夾入燒餅中當作早點外，尚可切小段放在肉湯中做油條湯，亦可回鍋炸脆後切成碎片，拌在素餡中包餃子吃。

一般而言，高手用一袋上好的高筋麵粉可做出四十根油條，如麵粉不好或技術稍差，僅能做出二、三十條。若有心要學，必須有耐心地多次練習，一定有機會成功。

做法是這樣的：

把蘇打粉二錢、阿摩尼亞一錢五分、明礬一錢五分和鹽一茶匙放在盆內，用適量清水調開，再倒入高筋麵粉一斤，輕輕拌勻後揉成一個麵糰。若麵糰太乾太硬，可沾少許清水握拳輕壓，直到均勻而軟硬度適中，接著用淨布蓋住麵糰稍醒半小時。

三十分鐘後揭開蓋布，用手握拳輕壓約五、六分鐘，再蓋上布繼續醒麵。再隔三十分鐘後揭去蓋布，重複這個做法壓至麵糰用筷子插入可拉出麵筋為止。將麵糰拉成長方形，外表塗抹少

許油，接著在一張塑膠紙中間抹少許油，將麵塊放入、包好後，送入冰箱。

六小時後取出麵糰，雙手托起一端慢慢拉長，至一公分厚為止，再用力切成約一公分半寬的長條。

將大半鍋的油燒熱後，把兩條切好的麵條重疊，中間用細鐵棒壓一道印，再以兩手抓住麵條，兩頭向外拉至長度與油鍋相等，先將中間入油中，再放兩頭，用筷翻動，油條在鍋中將快速膨脹，待炸成金黃色即撈出。

豆漿

豆漿可分為兩種吃法，一種是加砂糖的「甜漿」，一種是「鹹漿」，即在未加糖的清漿中，加入蔥花、榨菜末、肉鬆、辣油、醬油、麻油等材料。

製漿過程中濾出的豆渣另可以加肥瘦絞肉、蝦米或蝦皮、胡蘿蔔末同炒，是一道別緻又營養的下飯美味。

豆類有豐富的蛋白質、少脂肪，可代替牛奶飲用，滋養身體，為中年以上者的最佳飲料。市面上所賣的豆漿加水太多，無營養可言，如果有空閒的話不妨自製，營養衛生，經濟又實惠。

做豆漿時，一斤豆子汁加入十二大碗清水，大致可以濃度適中。

方法不難，先將黃豆洗淨，浸泡半小時，見外皮開始脹大時，用手搓揉擦掉豆皮，在清水中漂淨後，再注入清水浸泡二、三小時。接著用果汁機把泡好的黃豆打成漿，倒入布袋中壓出豆汁，再加入適量的清水煮沸，把上面的浮沫除去後，即成豆漿。

春捲

　　按照國人舊時習俗，歲末的年夜飯或春節期間，親朋好友之間彼此宴請的「春酒席」中，必有「炸春捲」這一道點心。春捲為僅次於燒餅油條，最大眾化的點心之一。

　　春捲的由來有一說是一年之計在於「春」，大家祝福彼此有個好的開始，一年大吉大利，帶來平安與財富；也有說春捲像金條，人見人愛。無論哪一種說法，春捲總是被大家所喜愛。

　　春捲的內餡變化甚多，可用韭黃炒豬肉絲、薺菜肉絲、蝦仁筍子、綠豆芽豆干或白菜肉絲等，視各人喜好而定。

　　炸春捲時也要注意技術：先用溫油將春捲炸至微黃後，以漏杓撈出，接著以大火將油燒熱，再放入春捲，翻動數下後熄火撈出。第一次是炸熟，第二次則是炸脆。

　　做春捲皮時，麵與鹽的比例，通常是一袋麵粉（即三十六斤）放一斤鹽。

　　在大盆中放高筋麵粉兩斤，加鹽一茶匙與清水一碗拌勻至稠糊狀，再灑少許清水在麵粉上以防乾燥，暫放約十分鐘醒麵。

　　見麵糰漸脹，即用左手扶盆，右手自盆邊拉起麵糰向中央搓揉，用此方法繞盆一周後，灑上少許清水再停放十分鐘後，如法再揉一次。直到麵糰可拉出麵筋時即可擱置一邊醒麵，四小時後可用來做春捲皮。

　　此時麵糊已起了麵筋。右手抓麵筋一把，拇指除外，用其餘四指以定速轉動麵筋至均勻有光亮，然後在燒熱的平鍋上，很快的伸開手掌一抹，便成一圓而薄的餅皮，烙至春捲皮四周翹起，盛起即成春捲皮。

　　由於麵筋遇熱會消散，故必須常換冷麵筋來做，換下來的麵筋擱置一邊，待涼後又會恢復原本的韌性。做剩的麵筋，可在冰箱內保存二、三天。

泡菜總匯

　　我曾旅遊過很多地方，也遍嚐各地的美食菜餚，但是我最喜愛的是各種口味的泡菜。每次吃到了新口味的泡菜，我都會把它們記錄下來。

北方酸菜

　　北方酸菜所用材料是山東大白菜。先把大白菜直的切成兩半，放入煮沸的熱水中稍燙一下，撈起放在一邊，待稍涼尚有溫熱時，將白菜放入缸中排好，上面撒一點鹽，用石頭壓住，蓋上缸蓋。第二天見有水分出來，加清水滿過菜面，蓋上蓋子，讓它慢慢發酵變酸。幾天以後，發酵完成即可取食。

　　北方酸菜可用來做火鍋，加粉絲、豆腐、白肉，味道很好。酸菜的滷汁，喝了有清火作用。

風乾白菜心

　　將大白菜的外葉剝掉，裡面的菜心葉一片、一片地剝開，用針線穿起來，一串一串掛在通風處，使它吹乾。食前將一串白菜心菜乾在開水中燙過，撈出榨去水分，切成細絲，加入蔥絲、香菜，淋醬油、醋、麻油等調味料，即成一盤爽口的小菜。

泡辣椒

　　所用材料是青辣椒和醬油。把辣椒洗淨、晾乾、去蒂，再用刀橫切一長口，泡入醬油中，一星期以後可以取食。用來配蛋炒飯吃，其味頗佳。

廣東泡菜

　　先將胡蘿蔔、白蘿蔔和小黃瓜切成小丁、晾乾水分，然後把白醋、白砂糖放入清水中煮開，試嚐一下酸甜味道適中，將材

料放入已涼的溶液中浸泡，半天時間便可取食。

四川泡菜

四川泡菜可以用很多種材料來做，譬如長豇豆、胡蘿蔔、萵苣、白蘿蔔、扁豆等。要注意的是鹽不可太多，鹽多了不容易發酵，不會有酸香的味道。其次是常常清罈子，將菜渣沫子撈出，使碎菜葉不會在罈內腐化，壞了泡菜滷汁。

先在一個泡菜罈子或大玻璃瓶中，注入冷開水半瓶、鹽兩匙、高粱酒兩匙，以及用紗布包好的花椒一匙。再將洗淨的紅辣椒切段、生薑切片，與晾乾的包心菜一起放入罈子內，用筷子攪勻，蓋上蓋子讓它發酵。天熱的話一天便可吃，冷天的話就要時間長一點。

韓國泡菜

韓國泡菜可以作火鍋底，加些蚵或貝殼、白豆腐、粉絲、豬肉片，在寒流降臨的日子裡，人人吃得一身大汗，大呼過癮。

先將大白菜直切成兩半，用鹽擦遍菜的內外，放置一旁待用。蔥切成吋段、大蒜捶泥。將蔥、大蒜泥、紅辣椒粉、少許砂糖和鹽拌在一起，成為佐料。

二、三個小時以後，將白菜洗淨、瀝乾水分，抓一把拌好的佐料擦在大白菜上，然後一層一層排在缸內，上面用石頭壓住，幾天以後就可以吃了。

這種做法是一般人家吃的，環境好的人家會加入海鮮，以增鮮味。

除了大白菜以外，還可以用小黃瓜來醃漬。先把小黃瓜切成兩段，每一段從中間剖開三分之二，用鹽醃一下，再洗去鹽分，將佐料塞入黃瓜切開處，擺入罐子裡，過幾天就可食用。

還有，用白蘿蔔切片、蔥切絲，泡在鹽水裡，第二天就大告功成。泡蘿蔔的水很爽口，可以去火氣。

四川鍋炸

鍋炸為四川名點，其特色為內外純白一色，白糖、白油、白麵、白蛋清，清雅醒目，炸成後外皮香脆，而內部仍軟嫩，似半流體奶油，香甜不膩，老少咸宜，可作宴席的甜點。

材料

乾玉米粉⋯⋯⋯⋯⋯⋯⋯⋯⋯⋯四湯匙
白砂糖（或糖粉）⋯⋯⋯⋯⋯⋯兩湯匙
食油⋯⋯⋯⋯⋯⋯⋯⋯⋯⋯⋯⋯一飯碗

●另備做法3用的油少許

●麵糊（做法1）：雞蛋清三個，中筋麵粉一飯碗，清水（約麵粉的兩倍）

做法

1 雞蛋清、麵粉一同放入淨鍋中，加入比麵粉多兩倍以上的清水，拌勻至薄糊狀，濃度適中。

2 將盛麵糊的鍋置於小火上，用鏟子不停攪拌以避免麵糊沉底或燒焦。待麵糊將熟時改用大火，耗去一部分多餘的水分。

3 取方形鋁盤，塗上少許油，將攪勻煮熟的麵糊倒在盤內，冷卻後凝成一塊方形的麵糕。

4 把麵糕倒出，切成二吋寬、三吋長的長條，均勻沾裹上乾玉米粉，以免互相黏住。

5 用大火將油鍋燒至半溫，將麵糕條下鍋炸，一邊用杓子不停翻動糕條使其炸勻，很快炸至呈微黃色並發泡時即可撈出。

6 瀝除炸油後，將麵糕條盛入盤中，撒上白砂糖或糖粉，趁熱吃。

把麵糕均勻沾裹上乾玉米粉。

炸至呈微黃色並發泡時即可撈出。

梅奶奶的美味叮嚀

1. 作為一般家常點心時，可將蛋黃一併打入較為經濟。
2. 調煮麵糊時，過稠與過稀均不理想，清水不可一次加太多，最好逐次添加。
3. 麵糕條上的乾玉米粉要在下鍋前再攪拌，保持乾燥，且口感較佳。

拔絲香蕉

此為北方點心，外脆內酥，別有風味，常作宴席間甜點。上桌時，同時附上涼開水一碗，用筷子夾食時，將拔絲甜點在涼水中一浸，使糖絲斷卻，便可輕鬆食用。

材料

香蕉(不太熟的)⋯⋯⋯⋯⋯⋯⋯⋯四根
白砂糖⋯⋯⋯⋯⋯⋯⋯⋯⋯⋯⋯四湯匙
桂花醬與白芝麻⋯⋯⋯⋯⋯⋯⋯少許
食油⋯⋯⋯⋯⋯⋯⋯⋯⋯⋯⋯⋯四湯匙

●另備做法1用的乾麵粉適量

●麵糊（做法2）：雞蛋清四個，中筋麵粉三湯匙，清水（量約麵粉的兩倍）

●糖液（做法4）：清水三湯匙，白砂糖四湯匙

做法

1 香蕉剝皮後切成小段，在乾麵粉中滾過。

2 蛋清打鬆，再加入麵粉與清水，調成薄糊狀備用。

3 炒鍋燒熱，注入油，待油熱後改用小火，一邊將香蕉分別均勻沾裹麵糊後下鍋滾炸，至香蕉內部炸透時改用大火，炸至外表酥脆，用漏杓撈出。

4 另取一個乾淨炒鍋，開小火，先炒白砂糖，待糖開始融化後加入清水，炒至成糖液，再放入炸酥的香蕉沾勻糖液，撒上桂花醬與白芝麻後即可盛出。

炸至外表酥脆的麵糊香蕉。

梅奶奶的
美味叮嚀

1.拔絲材料可隨季節或應時的水果更換，如蘋果、山藥、番薯、水梨等均可。用香蕉做拔絲時，買香蕉時須挑較生的，太熟則不容易做。
2.食用拔絲香蕉時可準備冰水一碗，將拔絲香蕉拿起後浸入冰水中數秒，外表即可凝結成糖汁脆片，吃起來口感甚佳。

國家圖書館出版品預行編目資料

嚐過都說讚！60道我們最想念也最想學會的傳
統家常菜 / 呂素琳著
--初版.--臺北市：皇冠文化. 2013.5
面；公分（皇冠叢書；第4304種 玩味；02）
ISBN 978-957-33-2986-2 （平裝）

1.食譜

427.1　　　　　　　　　　　102007922

皇冠叢書第4304種
玩味 02

嚐過都說讚！60道我們最想念也最想學會的傳統家常菜

作　　者—呂素琳
發 行 人—平雲
出版發行—皇冠文化出版有限公司
　　　　　台北市敦化北路120巷50號
　　　　　電話◎02-27168888
　　　　　郵撥帳號◎15261516號
　　　　　皇冠出版社(香港)有限公司
　　　　　香港上環文咸東街50號寶恒商業中心
　　　　　23號2301-3室
　　　　　電話◎2529-1778　傳真◎2527-0904
責任主編—龔橞甄
責任編輯—丁慧瑋
美術設計—程郁婷
著作完成日期—2013年3月
初版一刷日期—2013年5月

● 皇冠讀樂網：www.crown.com.tw
● 小王子的編輯夢：crownbook.pixnet.net/blog
● 皇冠Plurk：www.plurk.com/crownbook
● 皇冠Facebook：www.facebook/crownbook

內頁圖©Dreamstime、Fotolia、iStockphoto、Shutterstock